Lieferung 3

Preis 1 Mark

Gesamtpreis des Werkes gebunden 25 Mark

DIE ZEICHENKUNST

METHODISCHE DARSTELLUNG DES GESAMTEN ZEICHENWESENS

UNTER MITWIRKUNG
VON
A. ANDĚL, LUDWIG HANS FISCHER, M. FÜRST, O. HUPP, A. KULL, KONRAD LANGE, A. MICHOLITSCH, ADOLF MÖLLER, PAUL NAUMANN, F. REISS, A. v. SAINT-GEORGE, KARL STATSMANN, R. TRUNK, J. VONDERLINN UND HERMANN WIRTH

HERAUSGEGEBEN
VON
KARL KIMMICH

ZWEITE
VERBESSERTE UND VERMEHRTE AUFLAGE

MIT 1157 ABBILDUNGEN IM TEXT
UND 60 TAFELN IN FARBEN- UND LICHTDRUCK

23 LIEFERUNGEN à 1 MARK UND 2 EINBANDDECKEN à 1 MARK
KOMPLETT IN 2 ORIGINALLEINENBÄNDEN 25 MARK

LEIPZIG
G. J. GÖSCHEN'SCHE VERLAGSHANDLUNG

Einzelne Lieferungen werden nicht abgegeben
Die Abnahme von Lieferung 1 verpflichtet zum Bezug des ganzen Werkes

mäßige Länge der Seiten als vielmehr die verhältnismäßige Größe der Winkel ins Auge gefaßt wird, so wird man die Schüler Muster zeichnen lassen, bei denen sie hauptsächlich auf die verhältnismäßige Größe der Winkel zu achten haben. Dies wird man um so lieber tun, als sich nur sehr schwer Figuren finden lassen, welche aus ungleichseitigen Dreiecken zusammengesetzt sind. Selbstverständlich müssen den Schülern die Eigenschaften der verschiedenen Dreiecke genau bekannt sein, bevor man sie dieselben zeichnen läßt. In den untenstehenden Figuren ist die Entstehung eines gleichseitigen Dreiecks entwickelt. Die aufgeführten Figuren machen die Beschreibung des dabei einzuschlagenden Verfahrens überflüssig. Wenn die vollendete Arbeit auf ihre Richtigkeit geprüft wird, so kann man dabei abwechselnd die rechte und die linke Seite des Dreiecks

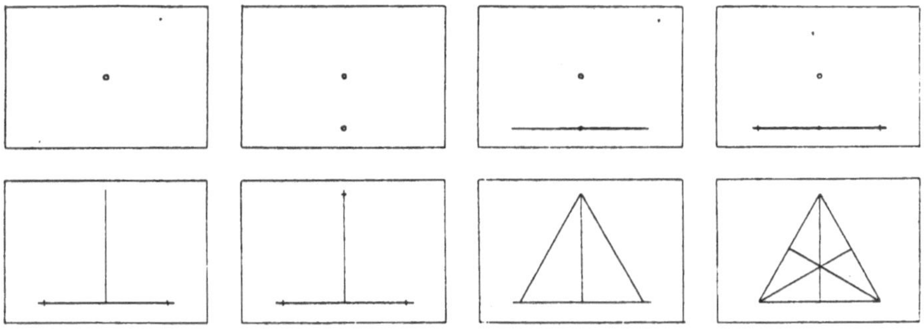

Fig. 366.

als Basis annehmen. Auch diese und die folgenden Übungen wird der Lehrer wieder Strich für Strich an der Schultafel mitmachen. Dabei darf kein Schüler nachmessen, sonst ist der Zweck dieser Übungen vereitelt. Eine scharfe Beobachtung der Schüler ist möglich, wenn der Lehrer die Zeichnung nur flüchtig entwirft, während die Schüler das Original als Wandtafel- oder Tafelzeichnung vor Augen haben, und der Lehrer mit dieser Skizze den Schülern nur zeigt, w i e sie bei ihrer Arbeit zu verfahren haben.

Übungsbeispiele.

Fig. 367. **Ausführung und Erläuterung.** Das gleichseitige Dreieck wird auf die früher angegebene Weise gezeichnet, dann werden die Halbierungspunkte der Seiten dieses Dreiecks durch gerade Linien verbunden. — Teil eines Mosaikfußbodens aus Pompeji; aus schwarzen, gelben und weißen Mormorwürfelchen.

Fig. 368. **Ausführung und Erläuterung.** Die Ausführung dieser Figur ist gleich der des vorhergehenden Musters, nur werden die Eckstücke noch in je vier kongruente Dreiecke zerlegt. — Teil eines Mosaikfußbodens aus Ara Coeli in Rom; aus schwarzen, roten und gelben Marmorplatten (Tafel VI).

Fig. 369. **Ausführung und Erläuterung.** Die Seiten des gleichseitigen Dreiecks werden in drei gleiche Teile zerlegt; durch die Teilungs-

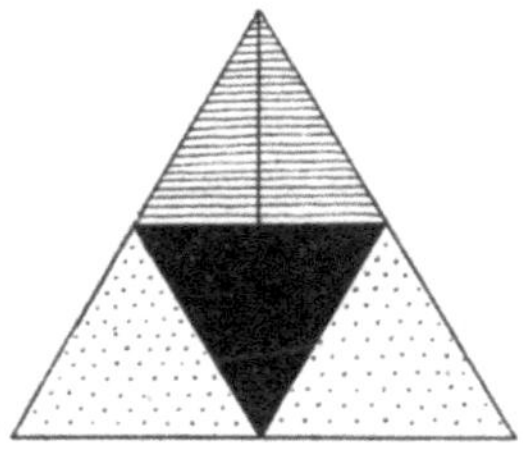

Fig. 367.

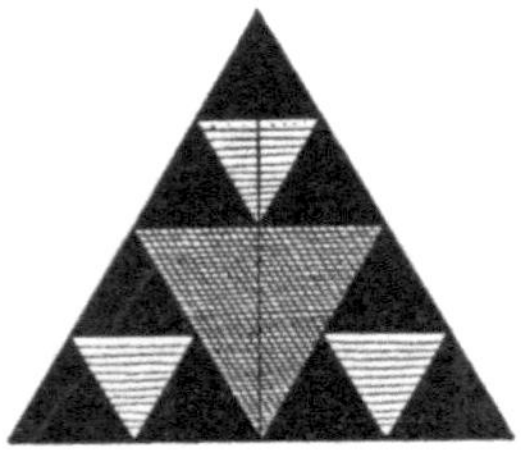

Fig. 368.

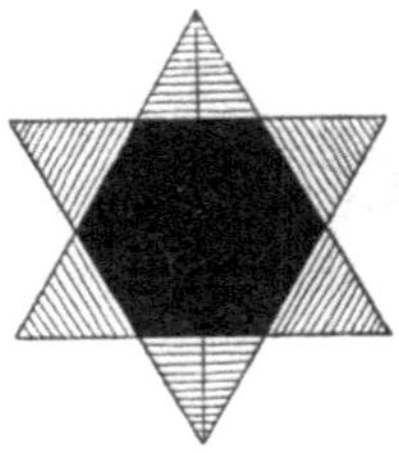

Fig. 369.

punkte werden gerade Linien gezogen und verlängert, bis sie ein zweites auf der Spitze stehendes Dreieck bilden. — Teil eines pompejanischen-Mosaikfußbodens; aus schwarzen und gelben Marmorwürfelchen.

Fig. 370. **Ausführung und Erläuterung.** Durch den Mittelpunkt des Zeichenblattes wird eine Senkrechte und eine Wagerechte gezogen;

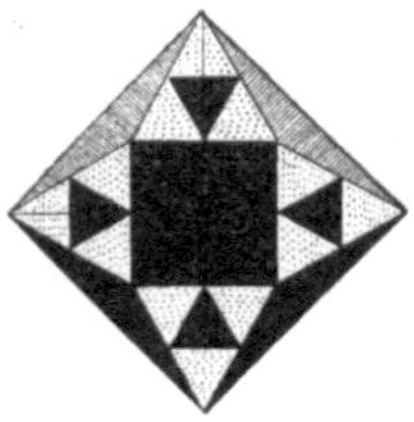

Fig. 370.

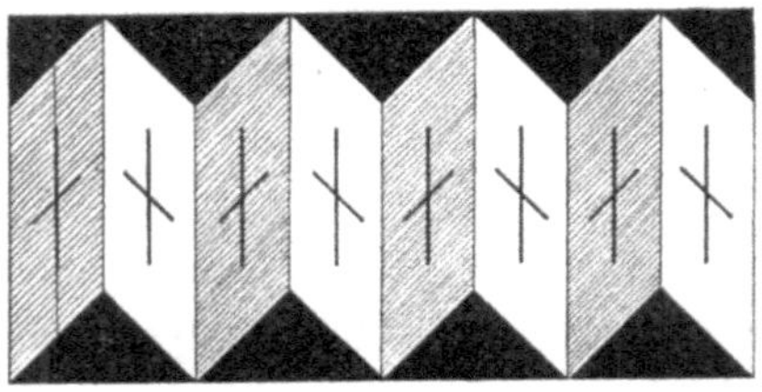

Fig. 371.

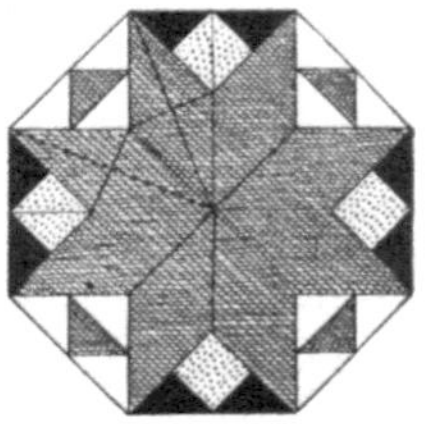

Fig. 372.

dann wird mittels dieser Linien ein Quadrat gezeichnet (das schwarze); über den Seiten dieses Quadrats werden gleichseitige Dreiecke errichtet; diese vier Dreiecke werden, wie die Figur zeigt, in vier kleine Dreiecke zerlegt, zum Schlusse die Spitzen der zuerst gemachten Dreiecke durch gerade Linien verbunden. Diese Verbindungslinien bilden ein auf der Ecke stehendes Quadrat. — Teil eines Mosaiks aus der Kathedrale von Monreale, das aus schwarzen, roten und vergoldeten Platten besteht (Tafel VI).

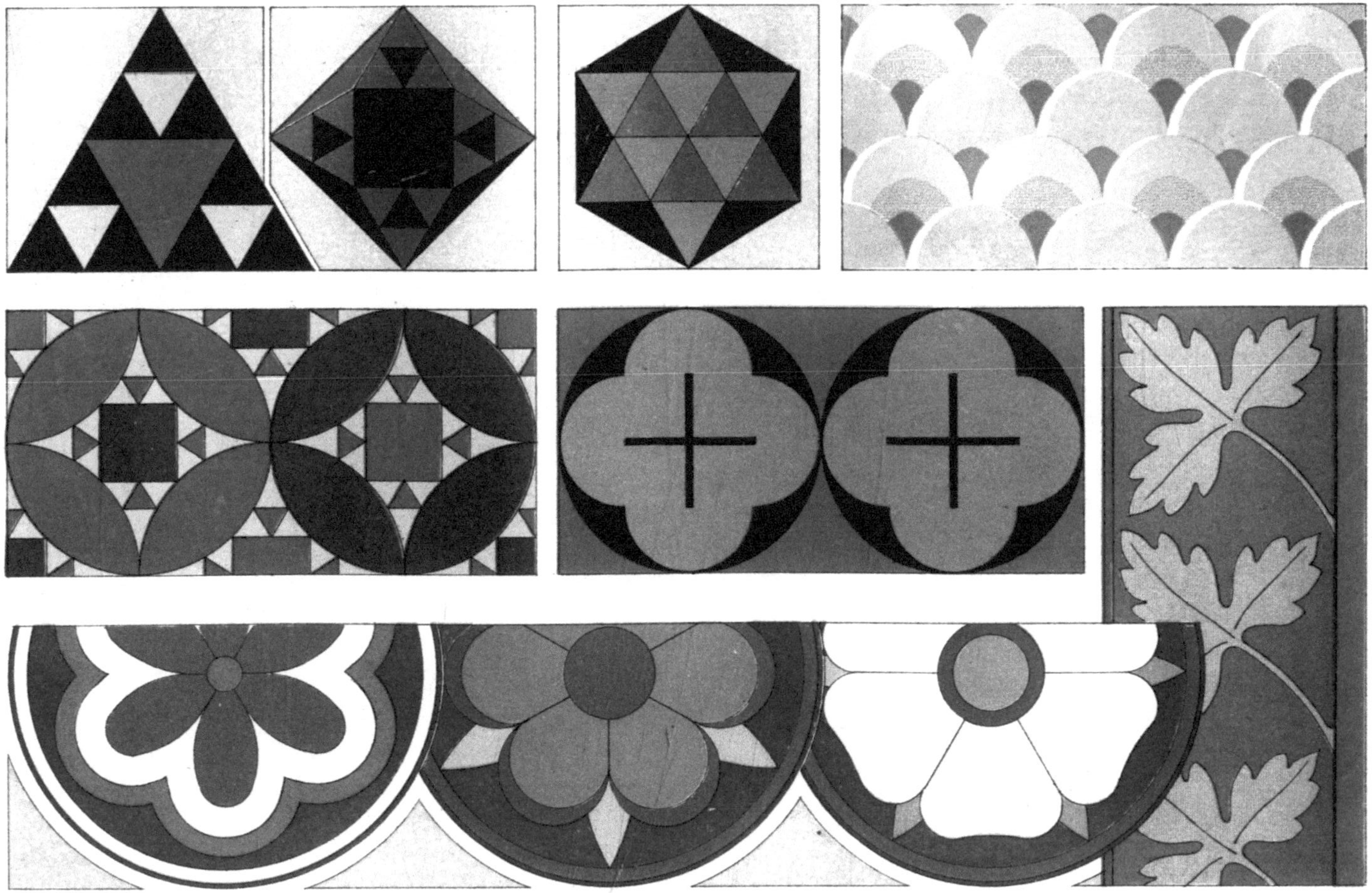

A. Micholitsch: Farbig ausgeführte Uebungsbeispiele.

Fig. 371. **Ausführung und Erläuterung.** Es werden Quadrate gezeichnet; in den Halbierungspunkten der unteren und in den Vierteilungspunkten der oberen Seiten werden Senkrechte errichtet; die durch diese Senkrechten gebildeten rechten Winkel werden halbiert, wodurch man den geknickten Streifen bekommt; zum Schlusse werden die Kreuze eingezeichnet, deren Balken unter einem Winkel von 45 zueinander geneigt sind. — Teil einer Marketerie (Holzmosaik), Renaissance; Sepia und Tusche.

Fig. 372. **Ausführung und Erläuterung.** Durch den Mittelpunkt des Blattes wird eine Senkrechte und eine Wagrechte gezogen; diese Linien werden vom Mittelpunkte aus gleich lang gemacht; nun werden die rechten Winkel halbiert und die Halbierungslinien so lang gemacht, wie die senkrechten und wagrechten Strahlen; durch die gerad-

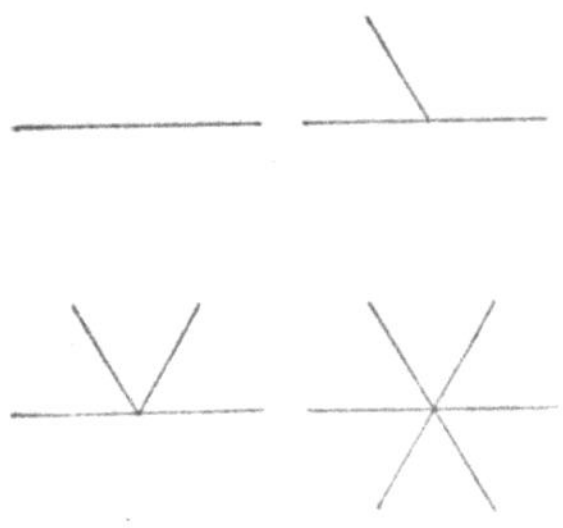

Fig. 373.

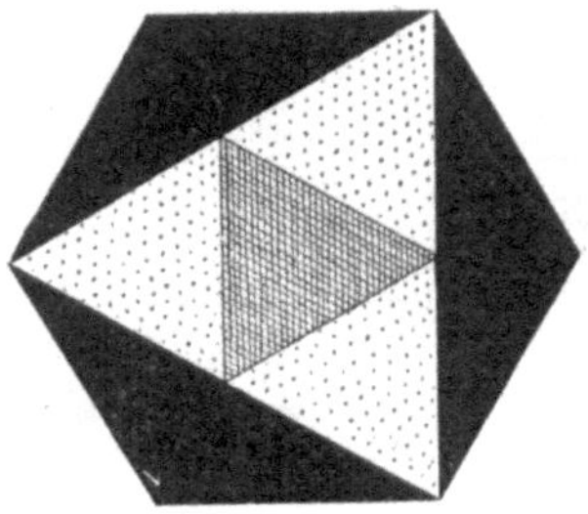

Fig. 374.

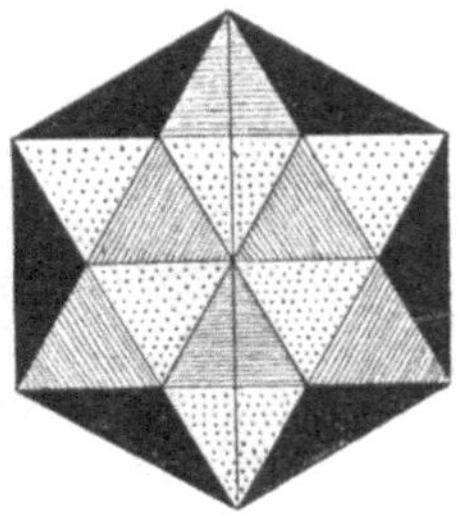

Fig. 375.

linige Verbindung der Endpunkte dieser Linien wird ein regelmäßiges Achteck hergestellt; über den Seiten dieses Achteckes werden Dreiecke errichtet, deren Höhe dem Abstande der Achtecksseiten vom Mittelpunkte gleich ist, dann wird die Figur in der vorgebildeten Art vollendet. — Mosaik aus schwarzen, roten, vergoldeten und weißen Marmorplatten, aus der Kathedrale von Monreale.

Fig. 373. **Ausführung und Erläuterung.** Diese Figur lehrt, in welcher Weise ein regelmäßiges Sechseck zu entwickeln ist. Durch den Mittelpunkt des Blattes wird eine Wagrechte gezogen (soll das Sechseck eine Lage haben wie bei Fig. 375, so muß die erste Linie eine senkrechte sein); vom Mittelpunkt dieser Wagrechten aus wird nach dem Augenmaße ein Winkel von 60^0 gemacht, der große Nebenwinkel halbiert und nun verglichen, ob alle drei Winkel gleich groß sind; ist dies der Fall, so werden die Schenkel der Winkel über den Scheitelpunkt verlängert, zum Schlusse die Strahlen gleich lang gemacht, die Endpunkte derselben durch gerade Linien entsprechend verbunden und so ein regelmäßiges Sechseck gezeichnet. Auch das Sechseck ist in der früher erwähnten Art mit den Schülern durchzuarbeiten, bevor man sie Sechseck-Muster zeichnen läßt.

Fig. 374. **Ausführung und Erläuterung.** Das regelmäßige Sechseck wird auf die eben vorgeführte Art gezeichnet, dann durch das Einzeichnen der entsprechenden Diagonalen ein gleichseitiges Dreieck gebildet und dieses in vier kongruente Dreiecke zerlegt. — Teil eines Mosaiks aus schwarzen, roten und vergoldeten Platten. — Ara Coeli in Rom.

Fig. 375. **Ausführung und Erläuterung.** Zuerst wird durch den Mittelpunkt des Zeichenblatts eine Senkrechte gezogen, dann das Sechs-

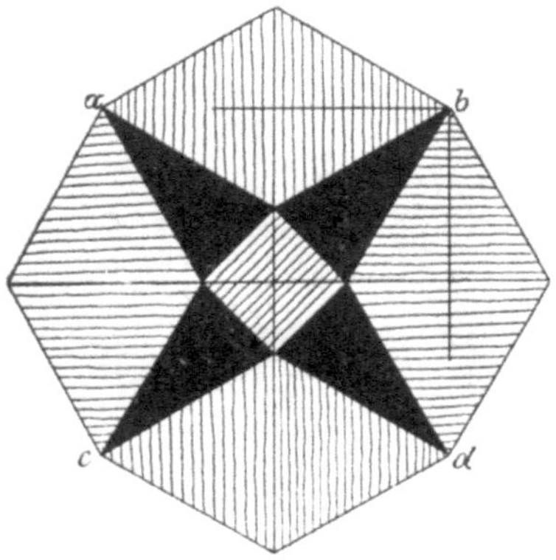

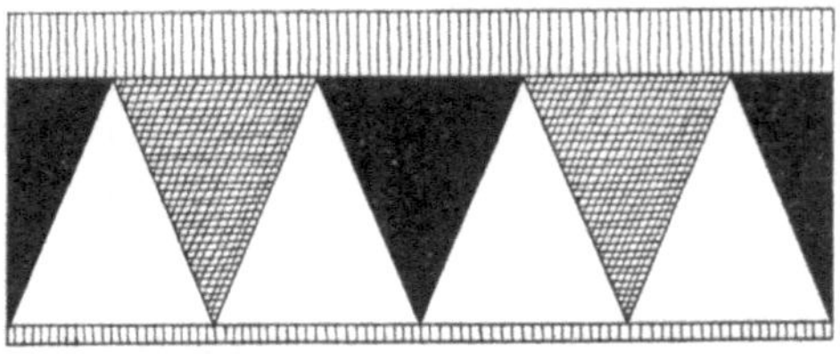

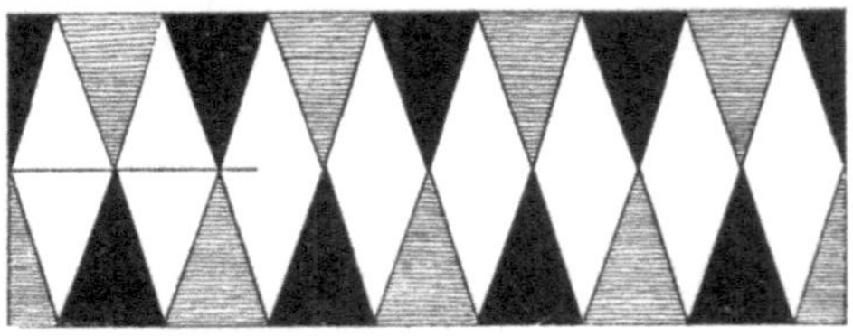

Fig. 376. Fig. 377. Fig. 378.

eck in der schon angegebenen Weise entworfen und in dieses Sechseck vermittels der Diagonalen ein Stern eingezeichnet. — Teil eines Mosaiks aus Santa Cesarea, Rom. — Schwarz, Blau und Gold (Tafel VI).

Fig. 376. **Ausführung und Erläuterung.** Es wird vermittels der Mittellinien das Quadrat ***a***, ***b***, ***c***, ***d*** gezeichnet; die rechten Winkel dieses Quadrats werden in drei gleiche Teile zerlegt und die Schenkel dieser 30^0 Winkel verlängert, bis sie die Mittellinien des Quadrats schneiden; die geradlinige Verbindung dieser Schnittpunkte gibt ein auf der Ecke stehendes kleines Quadrat. Jede Seite des großen Quadrats ist nun zugleich die Basis eines stumpfwinkligen Dreiecks; diese Dreiecke werden nunmehr auch außerhalb des Quadrats errichtet. — Teil eines Mosaiks aus Kairo, aus gelben (Goldocker als Lasurfarbe) und schwarzen (Deckfarbe) Platten zusammengesetzt.

Fig. 377. **Ausführung und Erläuterung.** Auf einer in vier gleiche Teile zerlegten Geraden werden die vorgezeichneten Dreiecke ohne weitere Angaben nach der Vorzeichnung abgebildet, zum Schlusse die Begrenzungsstreifen in der verhältnismäßigen Breite gezeichnet. — Wandmalerei aus einem altägyptischen Grabe. — Rot, blau, gelb und weiß.

Fig. 378. **Ausführung und Erläuterung.** Auch diese Figur wird ohne weitere Unterstützung des Lehrers abgezeichnet. Auf genaue Nachbildung der Dreiecke ist zu achten. Diese Figur wird aus der horizontalen Mittellinie entwickelt. — Ägyptische Wandmalerei. — Weiß, blau und rot.

Fig. 379, 380, 381. **Ausführung und Erläuterung.** Zum Schluß läßt man das regelmäßige Fünfeck zeichnen. Dabei kann man am besten

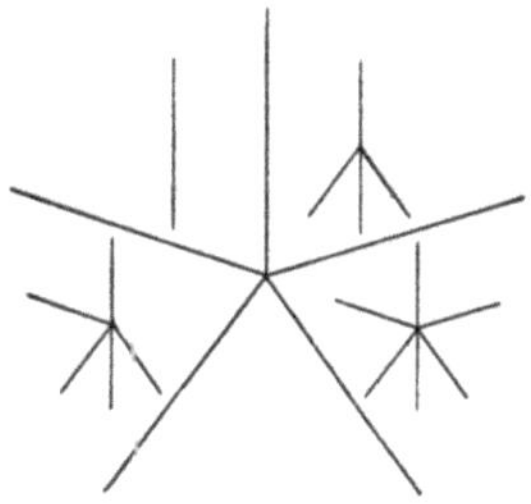

Fig. 379.

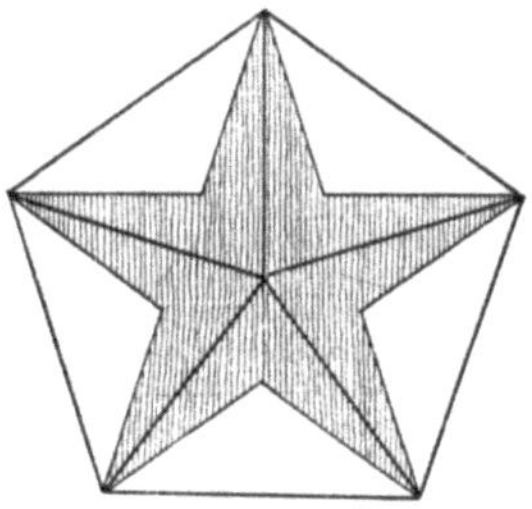

Fig. 380.

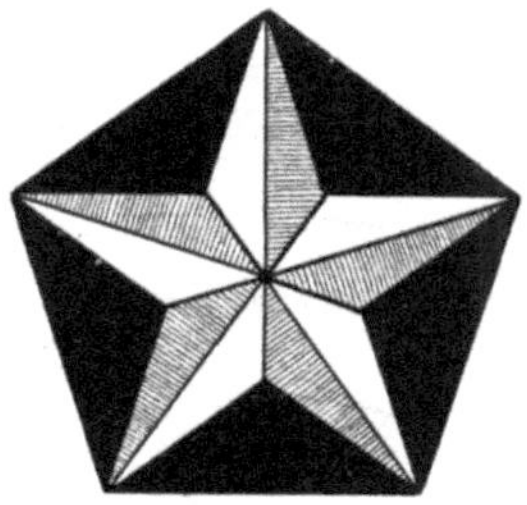

Fig. 381.

sehen, ob die Schüler imstande sind, Winkel ordentlich abzuschätzen und nachzuzeichnen. Da es sich bei diesen Übungen hauptsächlich um das korrekte Nachzeichnen von Winkeln handelt, so wird das Fünfeck auf folgende Weise gezeichnet: Durch den Mittelpunkt des Zeichenblatts wird eine Senkrechte gezogen, hernach der unterste Fünfeckwinkel nach dem Augenmaße abgezeichnet, einer der dadurch gleichzeitig entstehenden stumpfen Winkel sodann halbiert, und nun vergleicht man, ob alle drei Winkel gleich groß sind; ist dies nicht der Fall, so muß an dem untersten Winkel die entsprechende Verbesserung vorgenommen werden; durch die Halbierung des zweiten stumpfen Winkels wird endlich der volle Winkel in fünf gleiche Teile zerlegt. Das Auftragen von gleichen Strecken auf den fünf Strahlen macht den Schülern wenig Schwierigkeiten. Die Sterne Fig. 380 und 381 können beliebig koloriert werden.

Krummlinige Gebilde. — Die Kreislinie.

Das Zeichnen von krummlinigen Gebilden wird am besten durch die Kreislinie eingeleitet, weil sich bei dieser etwaige Zeichenfehler leicht nachweisen lassen. Viele möchten die Schüler auf andere Weise in das Zeichnen von krummlinigen Gebilden einführen, z. B. so, daß man ihnen für den Anfang einfach Pflanzenblätter zum Zeichnen vorlegt, weil sie solche angeblich leichter nachbilden können. Indessen die Schüler werden zwar das Blatt eines Apfelbaumes oder einer Weide auf dieser Stufe mit Leichtigkeit nachzeichnen, aber diese Nachbildungen werden dem Vorbilde nur ähnlich sein, und sie befriedigen bei oberflächlicher Betrachtung sowohl Lehrer als auch Schüler nur deshalb, weil kleine Differenzen zwischen Original und Kopie bei solch unsymmetrischen Figuren nicht besonders auffallen.

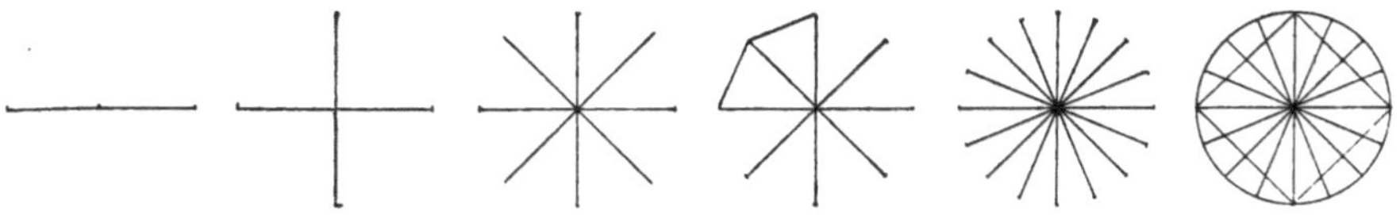

Fig. 382.

Das ungeübte Auge des Schülers nimmt kleine Fehler überhaupt gar nicht wahr, und dem Lehrer bieten sich bei solchen Darstellungen keine Anhaltspunkte dar, um den Schülern die Fehler vor Augen zu führen. Die Schüler werden also durch das Nachbilden von solchen Dingen zu oberflächlichem Beobachten und ungenauem Zeichnen erzogen. Daher müssen wir das Zeichnen von krummlinigen Gebilden durch Übungsstücke einleiten, welche unsere Absichten besser unterstützen; solche sind eben die Kreislinie und die aus Kreislinien gebildeten Ornamente.

Die erste Übung wird hier wieder mit Hilfe der Schüler vom Lehrer an der Schultafel ausgeführt. Um ihnen das Gesetzmäßige dieser Linie recht anschaulich zu machen, wird sie in der aus obenstehenden Figuren ersichtlichen Weise entwickelt. An und für sich wäre es zwar gleichgültig, ob bei dieser Entwicklung die Halbmesser gleiche Winkel bilden oder nicht; es ist aber doch vorteilhaft, wenn man sie gleich groß machen läßt, denn 1. üben sich die Schüler dadurch im Halbieren von Winkeln, 2. bekommt die Zeichnung dadurch schon während der Entwicklung ein regelmäßigeres Aussehen. Hat der Lehrer die Kreislinie mit Hilfe der Schüler an die Tafel gezeichnet, so bespricht er sie und hebt dabei hervor, daß die Schönheit dieser Linie durch ihre Gesetzmäßigkeit bedingt ist. Er zeigt ihnen, daß ein Nichteinhalten der gleichmäßigen Entfernung der Kurve vom Mittelpunkt sofort eine unschöne Form zur Folge hat: eine häßliche Ausbuchtung oder Einziehung (Fig. 383, 1, 2). Dabei ist darauf aufmerksam zu machen, daß solche Fehler viel weniger störend wirken, wenn sie sich symmetrisch wiederholen; in diesem Falle werden sie von Ungeübten auch leicht übersehen (Fig. 383, I, II). Schließlich zeichnet der Lehrer das auf der Ecke stehende eingeschriebene Quadrat und weist bei dieser Gelegenheit auf das Verhältnis einer Seite dieses Quadrats zu der entsprechenden Pfeilhöhe hin. **Im Verlaufe der weiteren Übungen werden die Kreislinien nicht mehr so umständlich entwickelt, viel-**

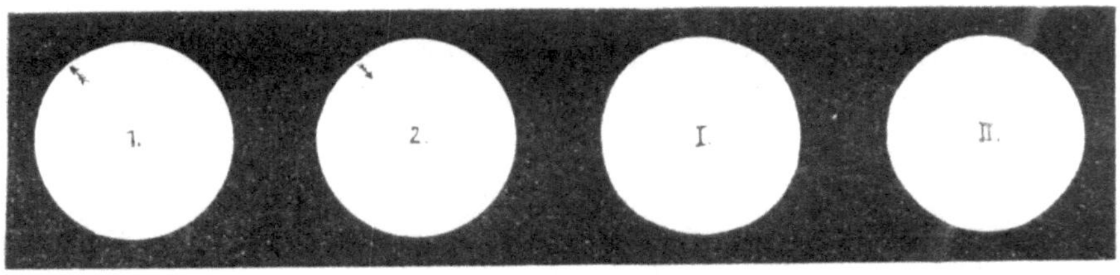

Fig. 383.

mehr benutzt man die Seiten solcher eingeschriebenen Quadrate als Hilfslinie. Die folgenden Übungsbeispiele werden wieder vom Lehrer vor der Unterrichtsstunde an die Schultafel gezeichnet; eine vollständig ausgeführte, womöglich in Farben gesetzte Wandtafel ist natürlich vorzuziehen. Mit einer Skizze gibt der Lehrer daneben den Gang an, den die Schüler bei der Ausführung einzuhalten haben, er läßt sie dabei nicht aus den Augen; auch hier ist unerläßlich: ehrliches Arbeiten ohne alle Hilfsmittel.

Übungsbeispiele.

Fig. 384. **Ausführung und Erläuterung.** In den kleinen Quadraten werden die Diagonale, dann die zwei Kreislinien gezogen; die Pfeilhöhen sind genau zu beachten. — Mittelalterlicher Fußboden aus roten und schwarzen Tonplatten. — Engelrot und Lampenschwarz als Deckfarben.

Fig. 385. **Ausführung und Erläuterung.** Die Ausführung dieses Musters ergibt sich aus der Zeichnung. — Ornament von einer chinesischen Porzellanmalerei. — Lichtblau mit einem Stich ins Grüne und rosa (Tafel VI); die roten Felder rot und dunkelblau, die lichtblauen dunkelblau abschattiert.

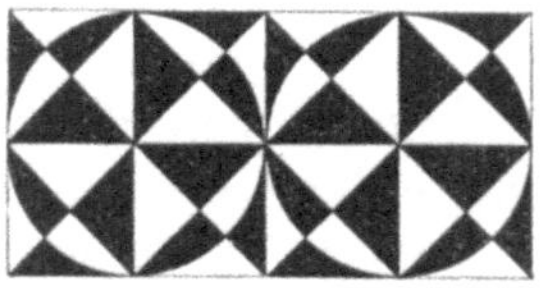
Fig. 384.

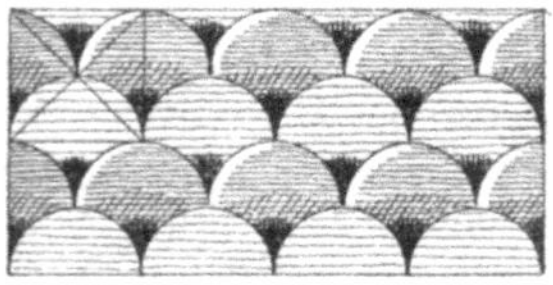
Fig. 385.

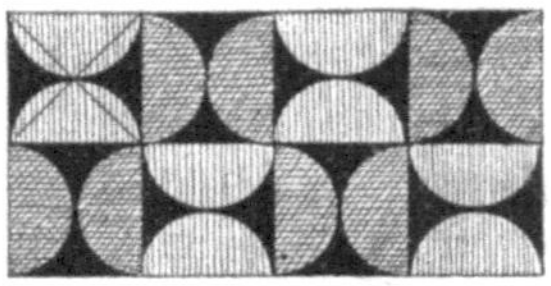
Fig. 386.

Fig. 386. **Ausführung und Erläuterung.** Zuerst werden die Halbkreisbogen gezeichnet, welche mit ihren Enden im Mittelpunkte der zwei großen Quadrate zusammenlaufen; auf ein genaues Ineinanderfließen dieser Bogen ist zu achten. — Malerei von einer mittelalterlichen Handschrift. — Schwarz, rot und blau; die einzelnen Farbenfelder durch Goldlinien getrennt.

Fig. 387. **Ausführung und Erläuterung.** Bei dieser Zeichnung ist auf die Symmetrie der Bogenzweiecke besonders zu sehen. — Moderner Marmorfußboden. — Blau, schwarz und weiß.

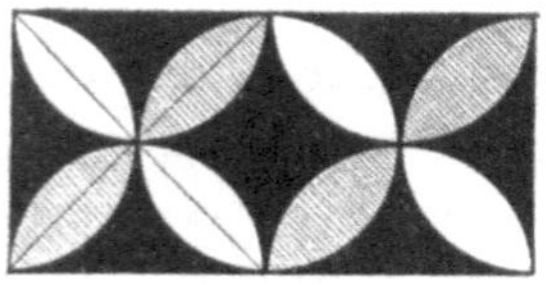
Fig. 387.

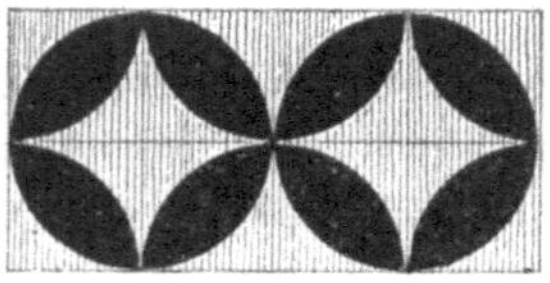
Fig. 388.

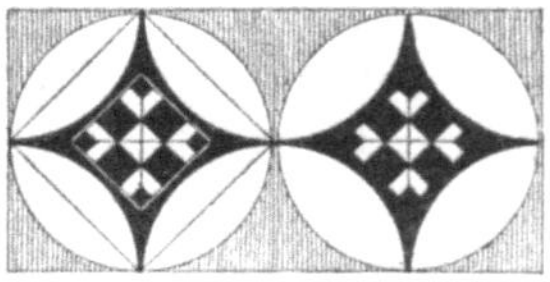
Fig. 389.

Fig. 388. **Ausführung und Erläuterung.** Zuerst werden die zwei Kreislinien vollständig gezeichnet, dann durch Hinzufügung der Viertelbogen die Bogenzweiecke gebildet. — Ornament von einem Mosaikfußboden aus Pompeji. — Schwarz und gelb.

Fig. 389. **Ausführung und Erläuterung.** Wenn dieses Muster so weit entworfen ist wie das vorige, so werden die halben Mittellinien der zwei großen Quadrate halbiert, dann durch die entsprechende Verbindung der Halbierungspunkte die auf den Ecken stehenden kleinen Quadrate gemacht. Weitere Ausführung nach der Zeichnung.

Fig. 390. **Ausführung und Erläuterung.** Die Durchschnittspunkte der Kreisbogen und der Diagonalen der großen Quadrate werden

durch gerade Linien verbunden und so die kleinen Quadrate hergestellt; in die entstandenen zwickelförmigen Figuren werden gleichseitige Dreiecke eingezeichnet und zur Ausführung dem Schüler keine weiteren Hilfsmittel angegeben. — Marmorpflaster aus roten, grünen und gelben Platten (Tafel VI). — S. M. Maggiore in Rom.

Fig. 391. **Ausführung und Erläuterung.** In die großen Kreise werden die tangierenden kleinen Halbkreise eingezeichnet, hierauf in der angegebenen Größe die Kreuze gebildet. — Ornament von einem gotischen Glasgemälde. — Blau, schwarz und rot (Tafel VI).

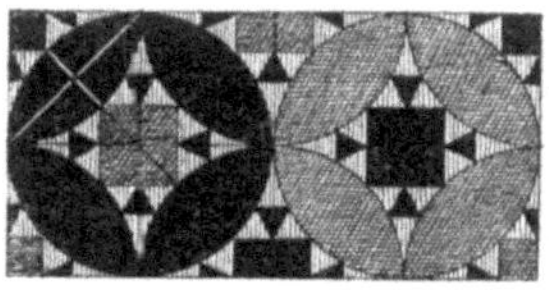

Fig. 390.

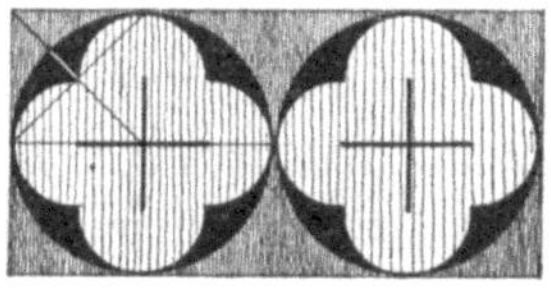

Fig. 391.

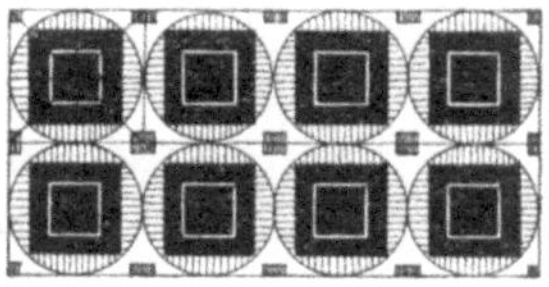

Fig. 392.

Fig. 392. **Ausführung und Erläuterung.** Zuerst werden sämtliche Kreislinien gezeichnet, dann die Quadrate eingeschrieben; durch die Halbierung der halben Diagonalen dieser Quadrate bekommt man die Eckpunkte der kleinen Quadrate. Zum Schluß werden die Abstände der Kreislinien von den Eckpunkten der Quadrate halbiert und endlich die kleinsten Quadrate gezeichnet. — Mittelalterliche Miniaturmalerei. — Rot, blau, gold und weiß.

Die Ellipse und die Eilinie.

Die zwei genannten Linien haben zwar in ornamentaler wie in zeichnerischer Hinsicht nicht dieselbe Bedeutung wie die Kreislinie; dennoch dürfen sie nicht übergangen werden, denn sie geben nicht nur sehr gute Übungsstücke für das weitere Zeichnen von krummen Linien, sondern das Zeichnen dieser Kurven bildet auch eine ausgezeichnete Vorübung für das Zeichnen von Blüten- und Blattformen. Selbst bei den mannigfaltigst gestalteten Blüten und Blättern bestehen die Umrisse aus Teilen von solchen Linien. Bei Besprechung dieser Linien ist auf die Merkmale aufmerksam zu machen, durch die sich diese beiden Linien wesentlich unter sich und von der Kreislinie unterscheiden. Bei der Ellipse ist zu bemerken, daß ihre Form von dem Verhältnisse der beiden Achsen abhängt, und daß die beiden Hauptachsen auch Symmetralen sind, ferner darauf hinzuweisen, daß hier der höchste Punkt eines Viertelbogens nicht so wie bei der Kreislinie über dem Mittelpunkt der Sehne liegt.

Ähnlich wie die Ellipse ist auch die Eilinie zu besprechen; sie ist mit der Ellipse zu vergleichen und es ist zu betonen, daß der Hauptunterschied zwischen beiden dadurch bedingt ist, daß die größte Breite der Eilinie nicht in der Mitte, wie bei der Ellipse, sondern etwas näher dem einen mehr abgeflachten Scheitel liegt.

Beide Linien sind vom Lehrer unter Mithilfe der Schüler an der Schultafel zu entwerfen.

Übungsbeispiele.

Fig. 393. **Ausführung und Erläuterung.** Das Rechteck, welches die Ellipse einschließt, wird von den Schülern nach dem Augenmaß abgezeichnet, d. h. das Verhältnis der Höhe und Breite wird durch keine Maßzahl bezeichnet. Auch das Rechteck wird, wie früher das Quadrat, vom Mittelpunkte des Zeichenblatts aus entwickelt. Die auf einer Wandtafel tadellos vorgezeichnete Ellipse muß von den Schülern genau und sorgfältig abgezeichnet werden.

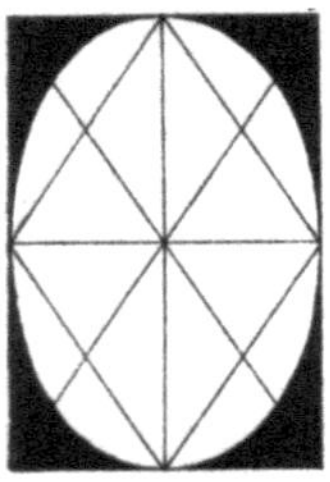
Fig. 393.

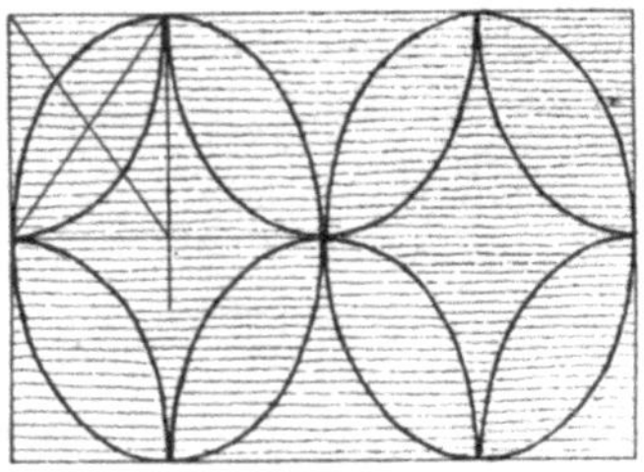
Fig. 394.

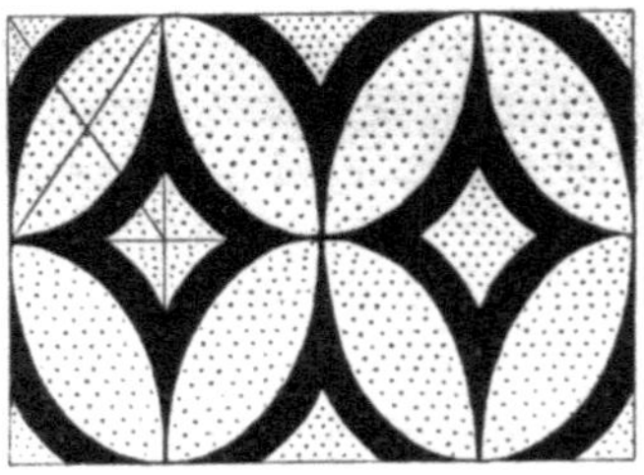
Fig. 395.

Fig. 394. **Ausführung und Erläuterung.** Die Ausführung dieser Figur ergibt sich aus der Zeichnung; man kann auch vier Rechtecke machen lassen. Besonders ist darauf hinzuweisen, daß bei den Ellipsenbogenzweiecken die gemeinschaftliche Sehne keine Symmetrale abgibt, wie dies bei den Kreisbogenzweiecken der Fall ist. — Ornament von einer chinesischen Vase. — Blaue Linien auf gelbem Grunde.

Fig. 395. **Ausführung und Erläuterung.** Die Ausführung dieser Figur ist wie die der vorigen. Die rautenförmigen Teile werden gezeichnet, indem man die Abstände der Ellipsenbogen vom Mittelpunkte und von den

Endpunkten der Rechtecke halbiert und durch diese Halbierungspunkte Linien zieht, welche zu den Ellipsenbogen parallel laufen. — Ornament von einer emaillierten indischen Vase. — Schwarz und Gold.

Fig. 396. **Ausführung und Erläuterung.** Die Ausführung dieser Figur ist der Zeichnung zu entnehmen. Die Schüler müssen darüber belehrt werden, daß die geradlinigen Verbindungen der Durchschnittspunkte der Ellipsenbogen senkrechte und wagrechte Linien geben würden. Sowohl die zapfenförmigen Gebilde, als die kreisförmigen Tupfen sind nur nach dem Augenmaße abzuzeichnen. — Ornament von einer griechischen Tonvase. — Schwarz auf ockergelbem Grunde.

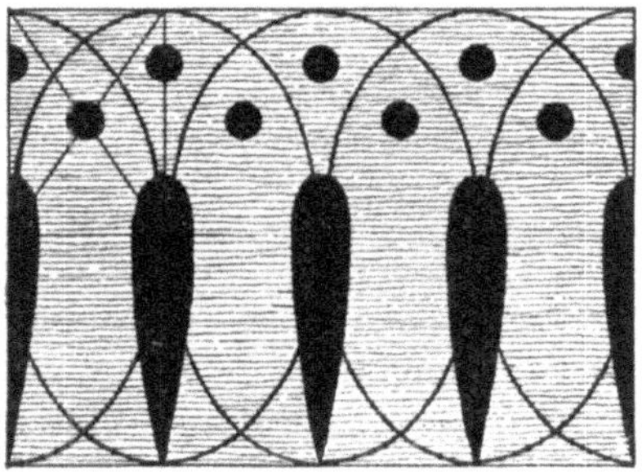

Fig. 396.

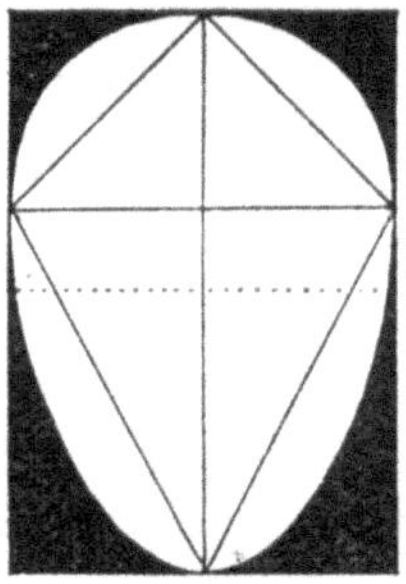

Fig. 397.

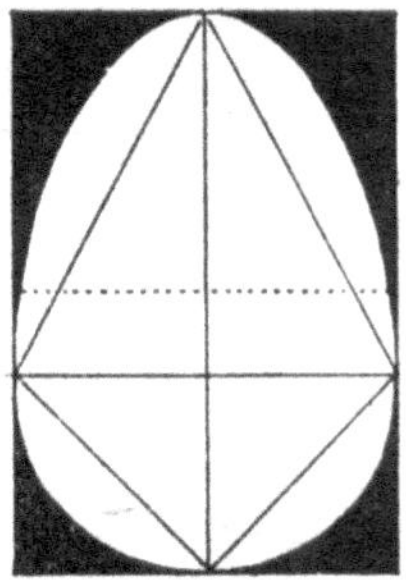

Fig. 398.

Fig. 397 und 398. **Ausführung und Erläuternng.** Wenn die Rechtecke vermittels der Mittellinien gezeichnet worden sind, dann werden die horizontalen Mittellinien weggelöscht und an den entsprechenden Orten die größten Breitendurchmesser der Eilinien gemacht. Durch die geradlinige Verbindung der Endpunkte des Längen- und Breitendurchmessers bekommt man Dreiecke, die bei Bestimmung der Lage des kürzeren Durchmessers wie beim Entwerfen der Eilinien Dienste leisten. Bei Besprechung der Eilinie kann ein Ei als Modell verwendet werden. —

Nunmehr ist Augenmaß und Zeichenfertigkeit der Schüler so weit ausgebildet, daß man mit ihnen getrost das perspektivische Modellzeichnen beginnen kann. Es empfiehlt sich, diesen Unterricht neben dem ornamentalen Zeichnen in der Weise zu führen, daß etwa zwei Drittel der Unterrichtszeit dem Modellzeichnen, ein Drittel dem ornamentalen Zeichnen zugewandt werden.

Wenden wir uns dem Kapitel vom elementaren ornamentalen Pflanzenzeichnen zu.

Die Blütenformen (Oberansichten).

Durch das Zeichnen stilisierter Blüten und Blätter machen wir die Schüler mit Verzierungselementen bekannt, welche in der Ornamentik eine viel bedeutungsvollere Rolle spielen, als die geometrischen Formen.

Da sämtliche Schüler auch auf dieser Stufe noch nach einem Vorbilde arbeiten, so ist es notwendig, daß der Lehrer für diesen Zweck große Wandtafeln anfertigt. Das macht zwar Arbeit, sie ist aber nicht verloren,

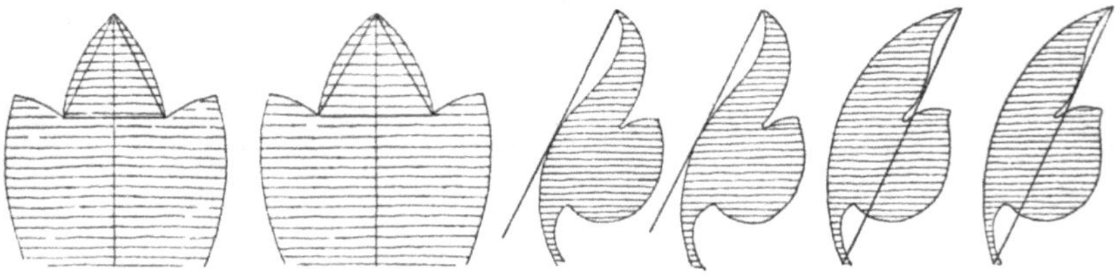

Fig. 399. Fig. 400. Fig. 401.

da die Tafeln in künftigen Jahren immer wieder Verwendung finden. Es genügt meistens, wenn die Hälfte der Blüte vorgezeichnet ist. Dabei soll der Radius einer Blüte nicht unter 70—80 cm lang sein. Pflanzenblätter und Seitenansichten von Blüten müssen entsprechende Ausdehnung haben. Zeigt die Blüte Ähnlichkeit mit irgend einer Form der heimischen Flora, so wird darauf hingewiesen, und es werden einige Exemplare der Blume, oder zum mindesten gute Abbildungen, in die Schule mitgebracht. Die Besprechung hinsichtlich der Verhältnisse der Grundform und der einzelnen Teile der Figur geschieht nach den früher entwickelten Grundsätzen. Zur Überprüfung ihrer Arbeiten kann man den Schülern verschiedene Behelfe angeben. Hat ein Schüler z. B. eine Blattspitze falsch gezeichnet, so wird er den Fehler finden, wenn er in die Blattspitze ein Dreieck einschreibt (Fig. 399). Wenn er bei der Stengelführung oder bei den Blattrippen den richtigen Schwung nicht getroffen hat, so kann ihm eine Tangente Dienste leisten (Fig. 400). Auch Sehnen können mitunter für solche Zwecke gut gebraucht werden (Fig. 401). Um zu prüfen, ob die Lage eines Ornamentteils richtig ist, können von irgend einem richtig bestimmten Punkte aus senkrechte oder wagrechte Linien nach dem Teil gezogen werden (Fig. 402). Alle diese Hilfsmittel kann man die Schüler, wenn nötig, in ihre Arbeiten einzeichnen lassen. An der

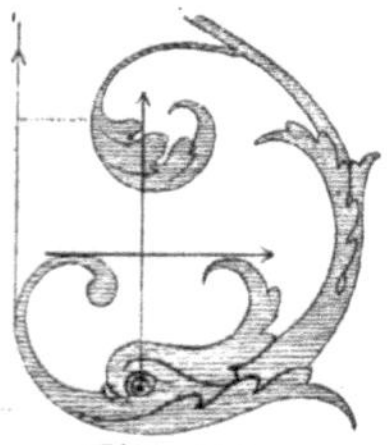

Fig. 402.

Wandtafel hingegen müssen sie sich die Hilfslinien denken, und nur wenn der Lehrer sieht, daß irgend eine Form trotzdem nicht getroffen wird, kann er die entsprechenden Hilfslinien auch auf der Wandtafel eintragen. Daneben muß den Schülern wieder Schritt für Schritt mittels einer Skizze angegeben werden, wie sie vorzugehen haben, d. h. es muß ein Bestandteil nach dem andern vorgemacht werden.

Übungsbeispiele.

Fig. 403. **Ausführung und Erläuterung.** In das Sechseck werden die Blumenblätter eingezeichnet. Sie sind an den äußeren Rändern stumpf eilinienförmig abzurunden. Die Umrisse der Blumenblätter, die sich ziemlich früh, bevor sie das Zentrum erreichen, vereinigen, müssen allmählich ineinanderlaufen und dürfen sich in ihrer Verlängerung

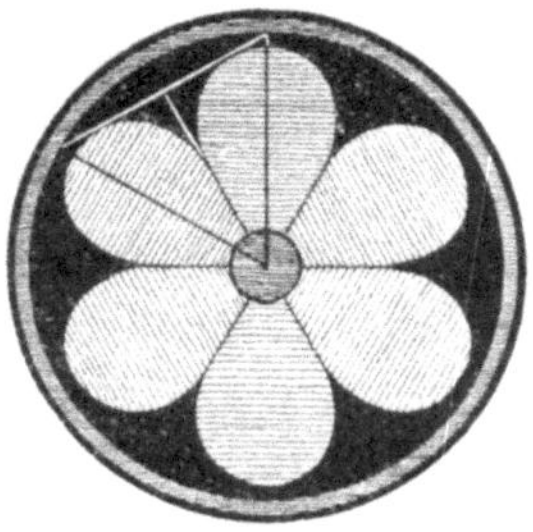

Fig. 403.

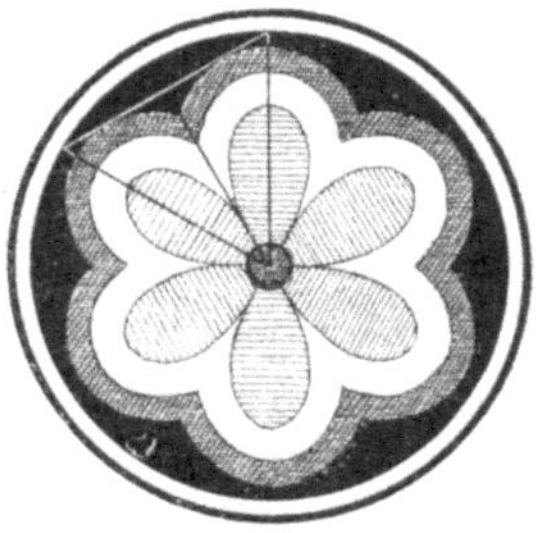

Fig. 404.

Fig. 405.

nicht schneiden. Auf die verhältnismäßige Größe des Zentrums ist zu achten. Bei Überprüfung der Arbeit verwendet man mit Vorteil die trompetenförmigen Ausschnitte, welche sich zwischen zwei Blumenblättern befinden. Ist die Arbeit fertig, so kann die Blüte mit einem kreisförmigen Streifen in der angegebenen Weise gefällig abgeschlossen werden; dies kann man mit dem Zirkel machen lassen.

Die Blüte ist einem persischen Ornament entnommen; die Blumenblätter sind mit Berlinerblau licht anzulegen, das Zentrum ist mit Dunkelocker oder Gold, der Grund mit Engelrot (Deckfarbe), dem etwas Schwarz beigemischt wird, auszumalen. Der kreisförmige Streifen bekommt die Farbe des Zentrums. Sämtliche Umrisse werden schwarz ausgezogen.

Das Leberblümchen (Hepatica triloba), das gemeine Sonnenröschen (Helianthemum chamaecistus) und das gemeine Tausendgüldenkraut (Erythraea Centaurium) haben so geformte Blumenblätter. Die Blumenkronen jedoch, ausgenommen die des Leberblümchens, sind fünfteilig.

Es ist klar, daß bei einer Farbenangabe die Schülerarbeiten verschiedene Nuancierungen in den Tönen aufweisen. Dabei kann der Lehrer die Schüler über die Harmonie und Disharmonie der Farben belehren.

Fig. 404. **Ausführung und Erläuterung.** Es wird zuerst der Umriß der Blüte in das Sechseck eingezeichnet, dann der parallele Rand gebildet, wobei auf seine verhältnismäßige Breite zu achten ist. Zuletzt werden die nebenblätterartigen Füllungen und das Zentrum gezeichnet.

Diese Blüte ist einem indopersischen Ornament entnommen. Der Rand und das Zentrum sind mit Berlinerblau anzulegen, die Nebenblätter mit Goldocker (Lasurfarbe) oder Gold; das übrige bleibt weiß; der Grund wird mit Engelrot (Deckfarbe) ausgefüllt.

Fig. 405. **Ausführung und Erläuterung.** In das Sechseck werden zuerst die Blumenblätter, dann das Zentrum eingezeichnet. Die verhältnismäßige Breite und die Form der Blumenblätter wolle man berücksichtigen.

Die Blüte ist einem französischen Gobelin aus dem Jahre 1757 entnommen. — Zuerst wird der Hintergrund mit Karmin Nr. 1 ziemlich dunkel angelegt. Ist diese Farbe gut getrocknet, so wird die ganze Fläche, den Randstreifen und den Hintergrund inbegriffen, nochmals mit derselben Farbe überlegt, so daß die Blüte lichtrosa auf dem dunkelroten Grunde erscheint. Zum Schluß werden die Konturen mit Gold ausgezogen.

Die astlose Graslilie (Anthericum liliago), ferner der nickende Milchstern (Ornithogalum nutans), auch das Muschelblümchen (Isopurum thalictroides) sind so gebaut.

Fig. 406. **Ausführung und Erläuterung.** Zuerst werden die großen Blumenblätter gezeichnet und die Umrisse jedes einzelnen Blattes bis zum Mittelpunkte der Blüte geführt, hernach die Nebenblätter entworfen, wobei die Umrißlinien der großen Blätter einen Anhalt bieten. Das Zentrum muß sehr klein gemacht werden, sonst wird die Zartheit der Nebenblätter beeinträchtigt. Die Blüte ist dem Ornament einer indischen Metallarbeit entnommen. Die ganze Fläche wird zuerst sehr licht mit Berlinerblau angelegt, dann die schwarzen Teile mit Schwarz (Deckfarbe) ausgemalt.

Die Blüte des fünfmännigen Spergels (Spergula pentandra) macht, von unten angesehen, einen ähnlichen Eindruck.

Fig. 407. **Ausführung und Erläuterung.** Zuerst werden die Umrisse der Blumenkronenblätter und das Zentrum gezeichnet, dann wird der sichelförmige Rand der Blumenblätter abgeschnitten, wobei das Zusammenfließen der Linien zu verhüten ist; zum Schluß werden die Kelchzipfel angesetzt, deren Umrißlinien die Richtung gegen das Zentrum haben müssen.

Ihr ähnlich ist die Blüte der Zuckerrübe. — Diese Blüte ist einem italienischen Renaissanceornament entnommen. Die Blumenblätter werden mit Berlinerblau ziemlich dunkel angelegt (Lasurfarbe), die sichelförmigen Ränder, das Zentrum und der Saum vergoldet, die Kelchzipfel mit Olivengrün (Lasurfarbe), der Grund mit Venezianerrot (Deckfarbe) angelegt.

Fig. 406.

Fig. 407.

Fig. 408.

Fig. 408. **Ausführung und Erläuterung.** Im Sechseck werden die Diagonalen gezogen, dann die kielförmigen Blattspitzen gezeichnet, welche durch sehr sanft geschwungene S-förmige Linien gebildet werden; das Zentrum wird zum Schluß eingefügt.

Diese Blüte ist dem Ornament einer indischen Emailarbeit entnommen. Der Grund und das Zentrum werden mit Berlinerblau sehr dunkel angelegt, die Blumenkrone und die Randborde werden vergoldet.

Eine verwachsenblätterige Blumenkrone mit sechs Zacken hat das Maiglöckchen (Convallaria maialis). Auch der Kelch des Taubenkropfs (Cucubalus baccifer) sieht genau so aus, nur ist er fünfblätterig.

Fig. 409. **Ausführung und Erläuterung.** Man beginnt mit den Grundformen der Blumenblätter, welche hier einfach durch das Zeichnen der trompetenförmigen Ausschnitte hergestellt werden. Sodann werden in diese Grundformen die Mittel- und Seitenspitzen eingezeichnet, wobei das richtige Größenverhältnis dieser Teile einzuhalten ist. Die Umrisse sämtlicher Teile müssen gegen den Mittelpunkt gerichtet sein oder in die Mittellinien der einzelnen Blätter verlaufen. Das Zentrum und die über den Blumenblättern liegenden Nebenblätter folgen zuletzt, dürfen jedoch nicht zu plump gezeichnet werden.

Diese Blüte ist einem japanischen Ornament entnommen. Die Blüte wird zuerst lichtblaugrau (Lasurfarbe) untermalt, dann werden der dunkle Zentrumsring und der Grund dunkelblaugrau (Lasurfarbe) angelegt, endlich das Zentrum und die Nebenblätter vergoldet; das Blaugrau ist aus Berlinerblau und etwas Neutraltinte gemischt.

Der Frühlings-Adonis (Adonis vernalis) hat ähnlich gezahnte Blumenblätter.

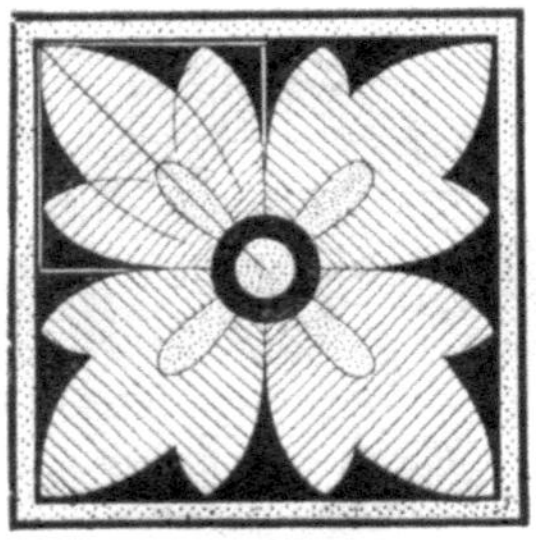

Fig. 409.

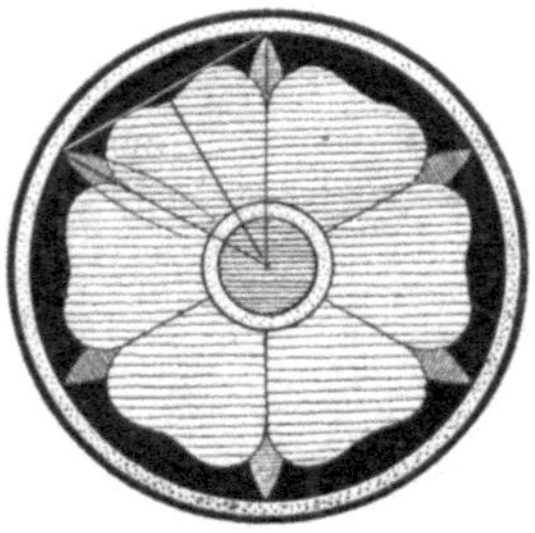

Fig. 410.

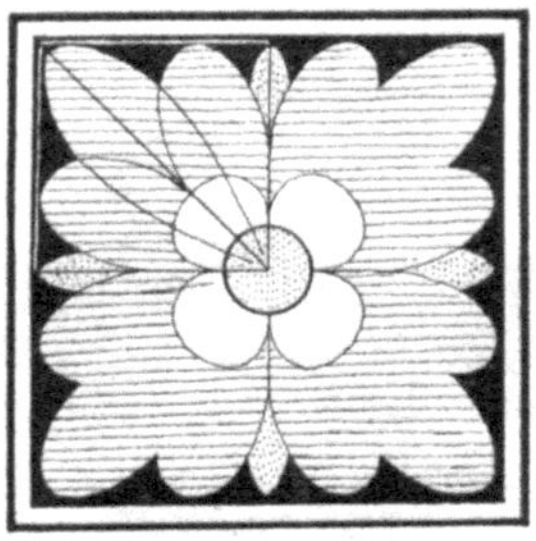

Fig. 411.

Fig. 410. **Ausführung und Erläuterung.** Bei Ausführung dieser Blüte ist hauptsächlich darauf zu sehen, daß die zarte Einbuchtung an den äußeren Rändern der Rosenblätter gut getroffen werde. Sowohl die Umrisse der Rosenblätter, als auch die der Kelchzipfel müssen dem Zentrum der Blüte zustreben. Die Blüte ist einem Renaissance-Ornament entlehnt.

Die Blumenblätter werden mit Berlinerblau, in welches ein wenig Lichtocker hineingegeben wird, ziemlich licht, die Kelchblätter und das Zentrum mit Olivgrün dunkel angelegt, der Ring, welcher das Zentrum einschließt, und die Randborde vergoldet (Tafel VI); der Grund wird mit Venezianerrot ausgefüllt. — Die wilde Rose und viele Malvenarten haben ähnliche Blütenformen.

Fig. 411. **Ausführung und Erläuterung.** Zuerst werden die trompetenförmigen Ausschnitte gezeichnet, wodurch aus dem Quadrat die Hauptformen der großen Blumenblätter herausgeschnitten werden, dann die Einkerbungen dieser Blätter entworfen, wobei man wieder genau

darauf zu achten hat, daß die Umrisse der einzelnen Blatteile entweder dem Mittelpunkte zustreben oder in die Mittellinien der Blätter verlaufen. Nach Vollendung der Blumenblätter werden die kleinen Nebenblätter und das Zentrum hergestellt; mit Einzeichnung der Kelchzipfel wird die Zeichnung vollendet.

Diese Blüte ist einem indopersischen Ornament entnommen. Die großen Blumenblätter werden mit Saftgrün licht angelegt, die Kelchzipfel und das Zentrum vergoldet; die Nebenblätter und die Randborde bleiben weiß. Bei der Hain-Anemone (Anemone nemorosa) kommen ähnliche Einbuchtungen vor.

Blätter und Seitenansichten von Blüten.

Durch diese Übungen sind die Schüler allmählich an eine freiere Linienführung gewöhnt. Die Kurven, welche die Umrisse der von ihnen gezeichneten Blüten bildeten, entfernten sich immer mehr von den Linien geometrischer Ordnungen; sie wurden von Fall zu Fall freier.

Eine sichere Stütze gewährten bei den Entwürfen jene Polygone, welche die geometrische Grundlage der Blüten bilden. Wir gehen nun einen Schritt weiter und legen Gebilde zur Ausarbeitung vor, bei denen diese regelmäßige Grundlage fehlt, und wir entziehen ihnen nach und nach die bequemen Stützen, um sie dahin zu bringen, ihre Entwürfe fast ganz ohne geometrische Grundlage anzufertigen. Nur während der Ausarbeitung der Konturen werden sie sich einmal eines Dreiecks bedienen, um irgend einen wichtigen Punkt festzustellen, ein andermal wieder eine horizontale oder senkrechte Linie zu Hilfe nehmen, um die Richtigkeit der Lage eines Ornamentbestandteils zu prüfen, oder die Winkel, welche durch die Umrißlinien dort und da gebildet werden, mit erhöhter Aufmerksamkeit ins Auge fassen. So werden sie sichere Zeichner werden, welche die Konturen ihrer Entwürfe nicht mit Mühe aus einem Gewirre von ungenauen Linien herauslösen, sondern ihre Arbeiten mit wohlüberlegten sicheren Strichen durchführen. Ihre Hand wird nicht einzig und allein durch ein instinktives Gefühl, sondern vornehmlich durch ein geschultes Denken geleitet werden. Doch erst einige Vorbemerkungen zu den neuen Übungsbeispielen! Schon beim Zeichnen der Blüten konnten wir die Wahrnehmung machen, daß deren Umrißlinien immer entweder dem Mittelpunkte, dem Ursprung der einzelnen

Teile, oder den Mittellinien solcher Teile zustrebten. Dieses ornamentale Grundgesetz, der Natur abgelauscht, darf auch bei den freiesten Ornamentformen nie vergessen werden; sogar jene konventionellen Formen, welche nur noch wenig an ihre natürlichen Vorbilder erinnern, müssen nach diesem Gesetz gebaut sein, wenn sie lebensvoll und elastisch erscheinen sollen. Die nachstehenden Formen (Fig. 412), von denen die der ersten Reihe nach diesem Gesetz gebildet sind, während die der zweiten Reihe Verstöße dagegen aufweisen, geben überzeugende Illustrationen zu den eben gegebenen Ausführungen ab. Auch beim Entwerfen des ornamentalen Stengelwerks müssen sich die

Fig. 412.

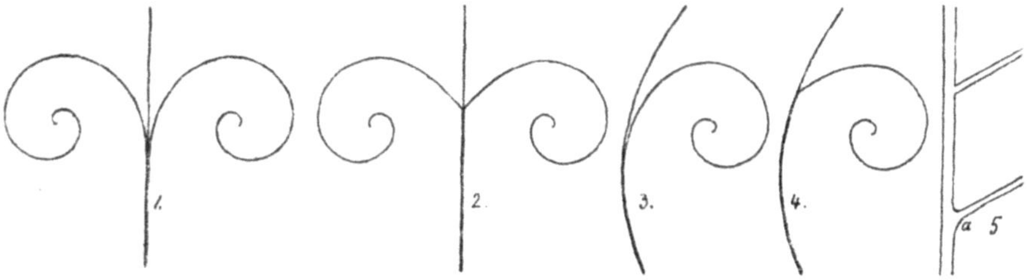

Fig. 413. Nr. 2 und 4 sind fehlerhaft.

abzweigenden Teile dem Mutterstamme sanft entwinden und dürfen in der Verlängerung über ihren Ausgangspunkt hinaus diesen Stamm in der Regel nicht durchschneiden (Fig. 413). Erfordert die Darstellung eine ausnehmend stramme Stengelführung, so kann ein zu schroffes Aufeinandertreffen der Stengel doch durch vermittelnde kleine Kurven an der Wurzel der betreffenden Stiele ausgeglichen werden (Fig. 413, a 5).

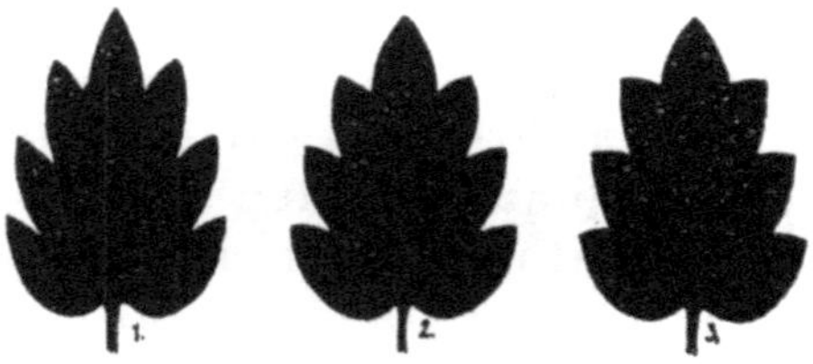

Fig. 414. Nr. 1 zu spitz, Nr. 2 normal und Nr. 3 zu stumpf.

Die Spitzen der Blüten und Blätter wie auch die Winkel ihrer Einkerbungen dürfen weder zu spitz, noch zu stumpf ausfallen. Eine feste

Regel über die Größe dieser Winkel läßt sich freilich nicht aufstellen; die vorstehenden Abbildungen zeigen uns aber die Wirkung dieser Abweichungen (Fig. 414).

Um die Schüler anzuregen und zugleich in den Bau kleiner ornamentaler Kompositionen einzuweihen, werden wir sie jedes einzelne Übungsstück immer in einer streifen- oder rosettenförmigen Verwendung ausführen lassen.

Übungsbeispiele.

Fig. 415. **Ausführung und Erläuterung.** Zuerst wird die Mittellinie gezeichnet, dann die durch die Spitzen der Blumenblätter gehende Horizontale gemacht, auf dieser Horizontalen das die Figur ein-

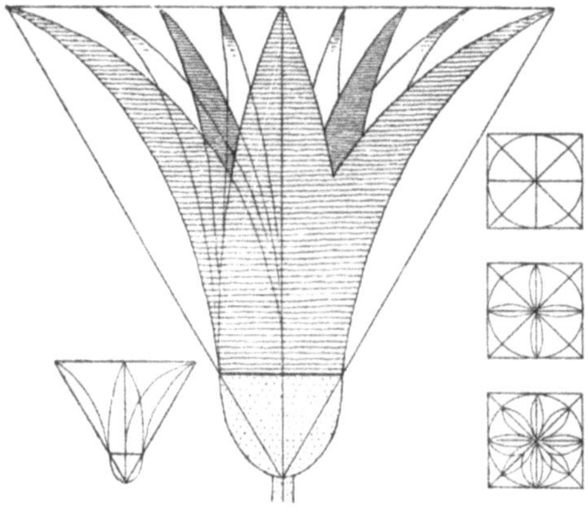

Fig. 415.

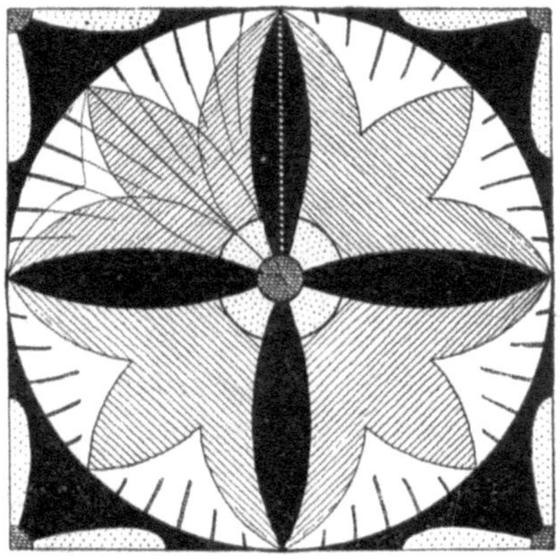

Fig. 416.

schließende Dreieck errichtet, nunmehr die kelchförmige Grundform der Figur sorgfältig angegeben, und in dieselbe werden die drei Hauptblätter eingezeichnet. Dabei wird symmetrisch vorgegangen, d. h. es wird immer das Blatt, welches man links gemacht hat, sofort auch auf der rechten Seite gezeichnet. Auf das allmähliche Übergehen der Blumenblätter von der geschwungenen Richtung der Seitenblätter zu der geradlinigen des Mittelblattes ist zu achten. — Die Kelchblätter werden mit einer matten, ins Blaue stechenden grünen Lasurfarbe angelegt; für die zwei großen Blumenblätter wird dieselbe Farbe genommen, nur durch Blau etwas verdunkelt; die übrigen Blätter bleiben weiß, werden aber an den Spitzen blaugrün abschattiert; der Blütenboden wird mit Goldocker angelegt. — Selbstverständlich müssen sowohl für diese Zeichnung, als auch für die nachfolgenden Wandtafeln angefertigt werden.

Das Vorbild hat hier die Lotosblume geliefert, die unserer Seerose sehr ähnlich ist und in der altägyptischen Ornamentik die erste Rolle spielt.

Fig. 416. **Ausführung und Erläuterung.** Die Ausführung dieses ägyptischen Ornaments ergibt sich aus den beigegebenen Skizzen. Die geometrische Einteilung kann man die Schüler bei dieser und auch bei den folgenden Übungen mit Zirkel und Lineal machen lassen. Auch läßt man sie nur eine Blüte sehr sorgfältig und korrekt zeichnen; die übrigen Blüten werden dann von dieser abgepaust. — Der Blumenkelch wird mit einer matten, saftgrünen Farbe ziemlich dunkel angelegt; der Raum, welchen in Wirklichkeit die Blumenblätter einnehmen würden, bleibt weiß; die Staubfäden und die Mittelpunkte der kleinen Blüten und der Rosette werden mit dunklem Zinnober belegt; der Blütenboden der Lotosblumen und die Blumenblätter der kleinen Blüten werden mit Goldocker angelegt; endlich wird der Hintergrund mit Berlinerblau dunkel ausgemalt. Vorgeschrittenere Schüler können dieses Muster vierfach ausführen, damit sie und auch ihre Kameraden die Wirkung des vollkommenen Ornaments erkennen.

Fig. 417. **Ausführung und Erläuterung.** Zuerst wird ein vertikaler Streifen gezeichnet, welcher viermal so hoch als breit ist. Von diesem Streifen werden dann Säume von der Breite einer Achtel-Quadratseite abgetrennt und in den dadurch entstehenden Rechtecken die Diagonalen gezogen. Damit ist die geometrische Einteilung, welche wieder mit Zirkel und Lineal gemacht wird, vollendet. In welcher Weise nun die Blüten eingezeichnet werden, das lehrt die Figur. Die Richtung und Verteilung der Blumenblätter wird am leichtesten gefunden, wenn man so vorgeht, wie der oberste Entwurf der Blüte in der Skizze des Streifens es angibt. Dreiecke, welche man durch die verschiedenen Blattspitzen legt, bilden auch hier ein Kontrollmittel. Sämtliche Konturen

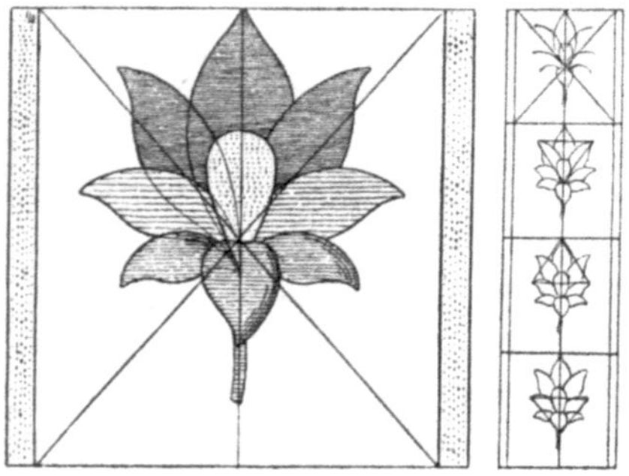

Fig. 417.

müssen aus einem gemeinsamen Punkte entspringen, wie man an der großen Zeichnung wahrnehmen kann. Eine Blüte wird gezeichnet, die übrigen werden von ihr abgepaust.

Dieses Ornament, aus dem Musterbuch eines persischen Webers, wird so bemalt: der ganze Streifen wird zuerst mit einem sehr lichten fleischfarbenen Ton (Terra Siena gebr. und Lichtocker) angelegt; hernach werden die unteren drei Blätter und der Stengel mit Saftgrün (Lasurfarbe), welches ein ziemlich frisches Grün sein muß, bemalt; die nächsten zwei Blätter bekommen einen lichten blauen Ton; endlich werden die drei obersten Blätter mit dunklem Zinnober abgedeckt, zum

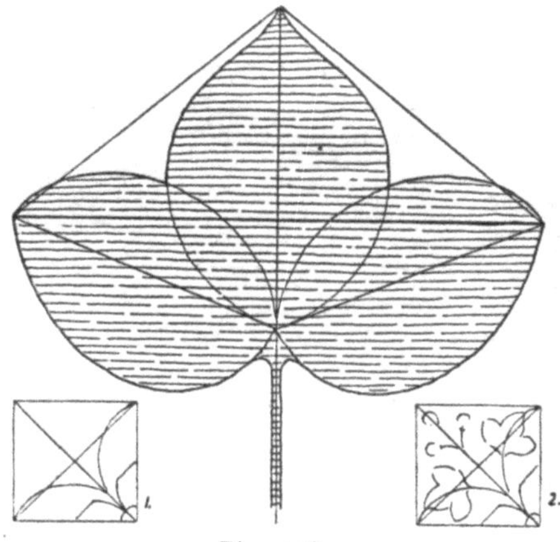

Fig. 418.

Fig. 419.

Schluß der Mittelteil der Blüte und die Säume vergoldet, dann sämtliche Konturen mit Schwarz ausgezogen.

Fig. 418 und Fig. 419. **Ausführung und Erläuterung.** Bei Ausführung des einfachen Blattes (Fig. 418) müssen die zwei Dreiecke sehr genau nachgezeichnet werden; die weitere Ausführung nach der Zeichnung. Dieses Blatt ist eine Stilisierung des Leberblümchenblattes.

Bei Fig. 419 ist dieses Blatt ornamental verwertet. Als Wandtafel wird von dieser quadratischen Füllung nur der vierte Teil vorgezeichnet. Die Entwickelung des Entwurfes ist den Skizzen 1 und 2 zu entnehmen. Ein Viertel des Ornaments wird von den Schülern aus freier Hand gezeichnet, die übrigen drei Viertel davon abgepaust. — Das ganze Quadrat wird mit irgend einer Lasurfarbe angelegt und der Hintergrund mit einer passenden Deckfarbe ausgemalt.

Bei diesem Ornament stimmt der Blütenstand mit dem des natürlichen Vorbildes (Anemone hepatica) nicht überein, es ist keine botanische Illustration, sondern ein Ornament; nur einem Naturgesetze zuwiderhandeln darf die Komposition nicht, so wenig als das Individuelle eines natürlichen Vorbildes auf Kosten der Schönheit der Komposition bis ins kleinste festgehalten werden darf.

Fig. 420 und Fig. 421. **Ausführung und Erläuterung.** Auch bei diesem Blatte (Fig. 420) hängt alles von der richtigen Form der Dreiecke ab. Die Ausführung ist der Zeichnung zu entnehmen. Für die

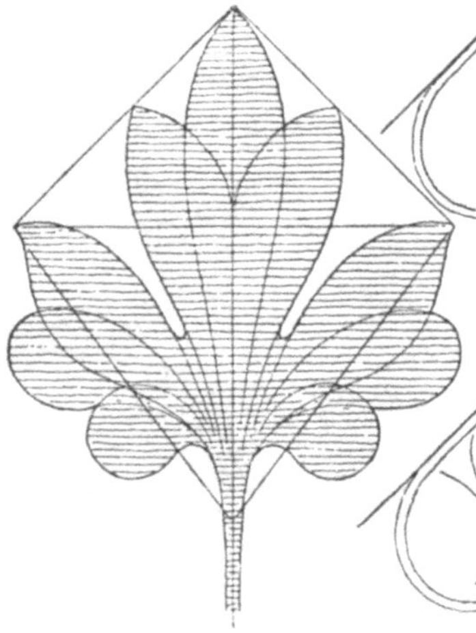

Fig. 420.

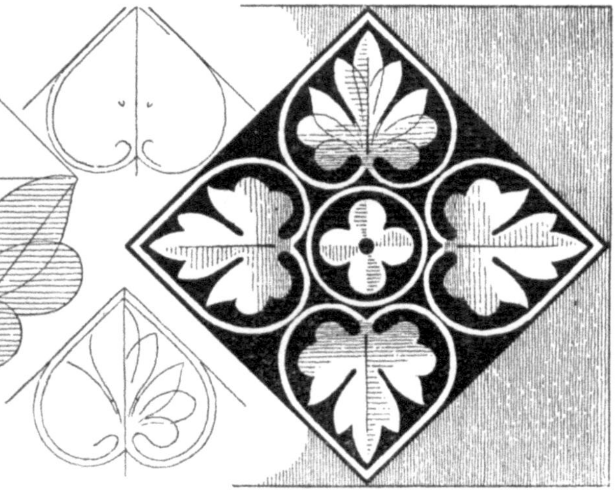

Fig. 421.

Form des Blattes ist es von höchster Wichtigkeit, daß die großen Einbuchtungen an die richtige Stelle gesetzt werden. Die in den Erläuterungsskizzen für Fig. 421 dargelegte Entwickelung des Entwurfes gilt auch für dieses Blatt. **Bei symmetrischen Blättern darf man niemals** nur eine Hälfte zeichnen, um nachher von dieser Hälfte die andere in irgend einer Weise abzunehmen, sondern die gleichen Teile des Blattes müssen zugleich rechts und links entstehen.

Für die Fig. 421 wird wieder nur ein Viertel des ganzen Ornaments als Wandtafel vorgelegt. Die zeichnerische Ausführung des Ornaments ist vollständig den Zeichnungen zu entnehmen. — Die Blätter und die mittlere kleine Blüte werden zuerst mit blasser Tusche in der ersichtlichen Weise abschattiert, dann wird die ganze Fläche mit einem sehr lichten flaschengrünen Ton (Saftgrün, Berlinerblau, etwas Dunkelocker) lasiert, endlich der Hintergrund mit Schwarz und die leeren Ecken mit dunklem Zinnober abgedeckt. — Ornament von einem Glasfenster zu St. Thomas in Straßburg.

Fig. 422 und Fig. 423. **Ausführung und Erläuterung.** Für die Ausführung dieser beiden Übungsstücke vergl. die Zeichnungen und die beigegebenen Skizzen. Das Wichtigste ist die richtige Feststellung der Blattspitzen und der Einkerbungen, was mit Hilfe von Dreiecken leicht geschehen kann. Bei der ornamentalen Verwertung des Blattes in der streifenförmigen Anordnung ist auf den richtigen Schwung der Mittelrippe zu sehen. — Der ornamentale Streifen wird in nachstehender Weise in Farben gesetzt: der Hintergrund zuerst mit Tusche ziemlich licht ausgemalt, dann die ganze Fläche mit einem lichten blaugrünen Ton (Berlinerblau mit etwas Dunkelocker) überlegt, endlich die beiden dunklen Randstreifen mit dunklem Zinnober gedeckt, zum Schluß die Konturen schwarz ausgezogen (Tafel VI). Dieses Ornament stammt aus einem Glasfenster des Kölner Domes.

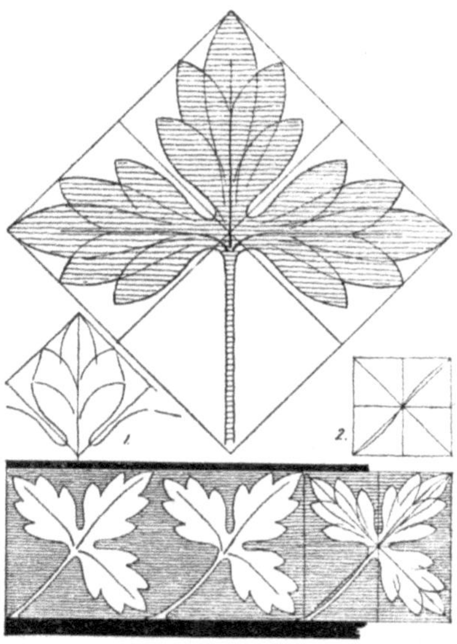

Fig. 422 und 423.

Die Spirale.

Wenn man eine Anzahl größerer Ornamente sämtlicher Blüten und Blätter entkleidet, so daß nur deren Stengelgerippe übrigbleiben, so erkennt man deutlich, welch mannigfaltige Verwendung die Spirale bei der ornamentalen Stengelbildung findet. Da nun aber die Schönheit eines Ornaments wesentlich durch gute Stengelführung bedingt ist, so hängt von der Zierlichkeit der dabei verwendeten Spirallinien das ganze Aussehen eines Ornaments ab. Ihre häufige Verwendung bei ornamentalen Kompositionen verdankt die Spirale hauptsächlich auch der Mannigfaltigkeit ihrer Variationen.

Eine Spirale kann entweder nach rechts oder nach links geschwungen sein. Zwei Spiralen können C- oder S-förmig miteinander verbunden werden; diese Verbindungen lassen wieder eine ganze Reihe von Koppe-

Fig. 424.

lungen zu. Verbindet man zwei Spiralen durch gerade Linien, so bekommt man wieder neue Formen, die wieder in der verschiedensten Weise zusammengestellt werden können. Endlich kann man Spiralen auch rankenförmig anordnen (Fig. 424).

Hier folgen einige ornamentale Zusammenstellungen von C-förmigen Spiralverbindungen (Fig. 425).

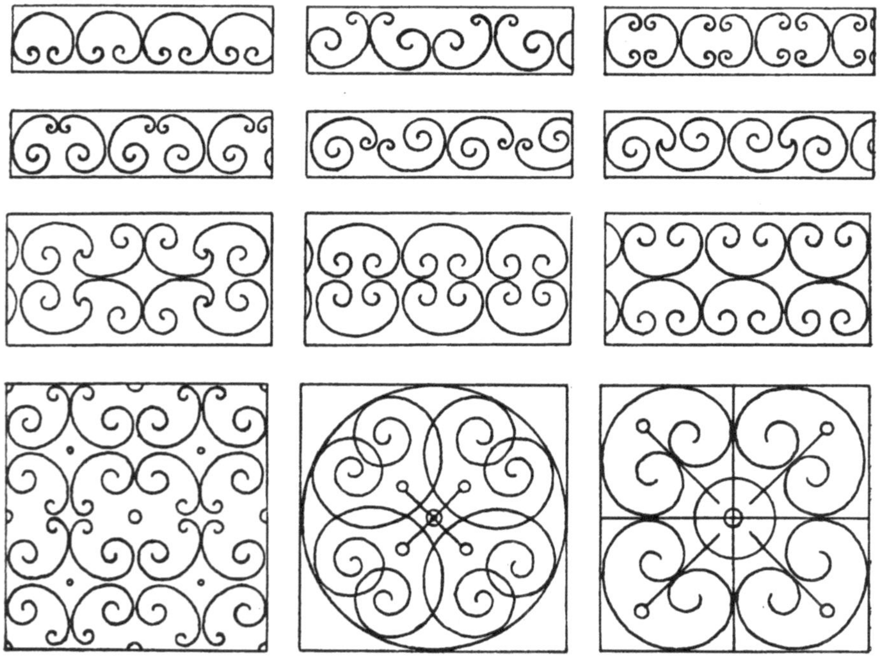

Fig. 425.

Beim Zeichenunterricht wird der Spirale meist zu wenig Beachtung geschenkt: sie wird entweder ganz beiseite gelassen oder gleich nach der Kreislinie, meistens so nebenher, durchgenommen und wenig geübt. Die Spirale nach den Kreis- oder Ellipsenübungen vorzunehmen, ist fast erfolglos, weil auf dieser Stufe den Schülern das Zeichnen einer guten Spirallinie noch viel zu schwer fällt. Vielmehr müssen die Übungen im Spiralenzeichnen am Schluß des elementaren Zeichnens, gewissermaßen als Einführung in das höhere ornamentale Zeichnen, vorgenommen werden.

Man lasse die Schüler zuerst zwei Schneckenlinien zeichnen, welche sich in entgegengesetzter Richtung einem senkrechten Stamm entwinden

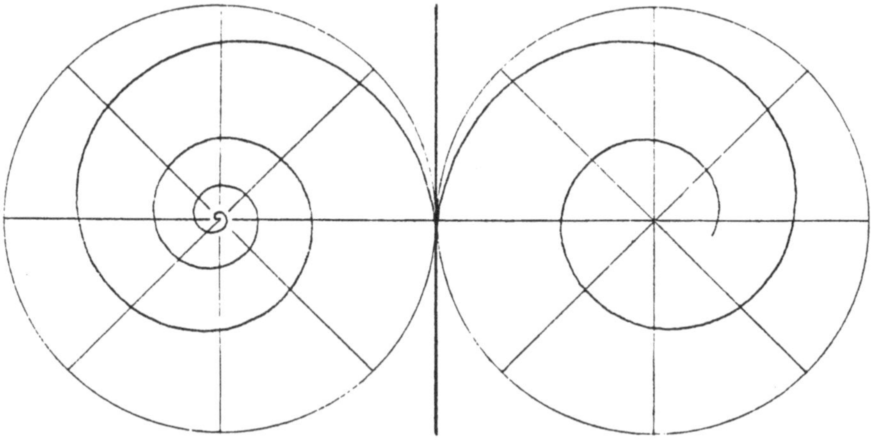

Fig. 426.

(Fig. 426). Dabei müssen die Schüler nach einer sehr korrekt gezeichneten Wandtafel arbeiten; der Lehrer entwirft die Arbeit, eine Skizze, nach und nach stufenweise neben der Wandtafel. In welcher Weise Spirallinien zu entwerfen sind, ist aus der beigegebenen Fig. 426 zu entnehmen. Die verschiedenen Spiralen, welche nun gezeichnet werden, müssen schwungvoll und elegant gearbeitet werden und dürfen nirgends Verbiegungen aufweisen. In der Folge werden die geometrischen Einteilungen mit Zirkel und Lineal gemacht.

Übungsbeispiele.

Fig. 427. **Ausführung und Erläuterung.** Die geometrische Einteilung geschieht in der ersichtlichen Weise mit Zirkel und Lineal;

dann werden die zwei Spiralen der oberen Hälfte gezeichnet, welche in ihrem weiteren Verlaufe herzförmig zusammenstoßen. Sie werden hernach symmetrisch auf die untere Hälfte übertragen, wobei auf das richtige Verhältnis der Abstände *a c* und *c b* zu achten ist; endlich werden die noch fehlenden Bogenstücke und die geraden Stäbe gezeichnet, um die Figur zu vollenden. Die oben erwähnte symmetrische Übertragung kann man mittels Pauspapier vornehmen lassen, um das Interesse der Schüler an der Arbeit rege zu erhalten. Wenn alle Schüler gleichzeitig dieselbe Arbeit nach einer Wandtafel ausführen, so könnte leicht ein schwacher oder fauler Schüler die Pause eines besseren zu erlangen suchen. Um Mißbrauch zu verhüten, lasse sich der Lehrer alle benützten Pausen sofort ausfolgen. Sowohl diese Arbeit, als auch die folgenden läßt man mit starken Bleistiftlinien ganz einfach ausziehen und vermeidet jede andere zeitraubende Ausführung. — Das Muster ist einem schmiedeeisernen Gitter aus dem Salzburger Friedhofe entnommen.

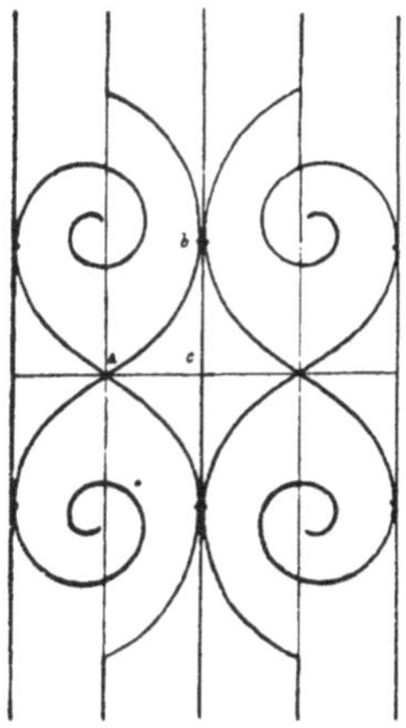

Fig. 427.

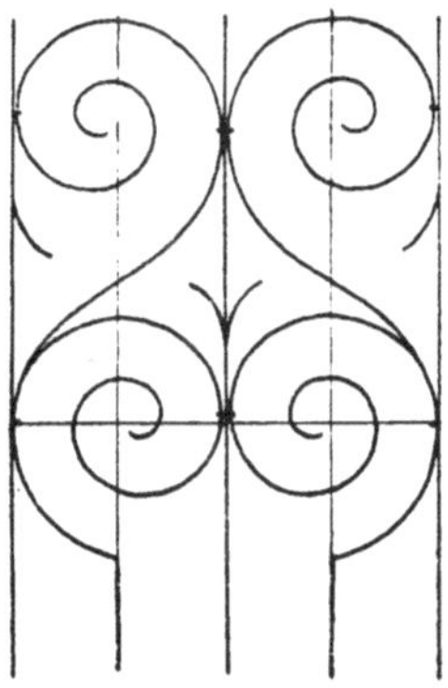

Fig. 428.

Fig. 428. **Ausführung und Erläuterung.** Nachdem die geometrische Einteilung wieder mit Zirkel und Lineal gemacht worden ist, wird zuerst die an und um die Mittellinien liegende linke Spirale gezeichnet, hierauf die über derselben liegende Spirale entworfen, wobei die richtige Entfernung beider Kurven voneinander einzuhalten ist. Die andere Hälfte dieser Zeichnung wird wieder gepaust. — Auch dieses Muster stammt von einer Vergitterung vom Salzburger Friedhofe.

Fig. 429. **Ausführung und Erläuterung.** Zuerst wird die Vase im richtigen Verhältnis gezeichnet, dann werden jene Spiralen gezogen, welche zusammen eine herzförmige Figur bilden; die Nachbildung dieser Figur muß möglichst genau sein; ist sie sorgfältig gemacht, so werden die unteren Spiralen gezeichnet; endlich wird das ganze Stengelgerippe mit den wenigen Blättern verkleidet. Die mittleren Blattspitzen müssen in die Mittellinie verlaufen. Bei dieser einfachen Figur wird nichts gepaust. — Muster einer Gucklochverzierung von einem Haustor in Wels (Oberösterreich).

Fig. 430. **Ausführung und Erläuterung.** Bei der geometrischen Einteilung muß besonders das gegenseitige Verhältnis der Dreieckseiten

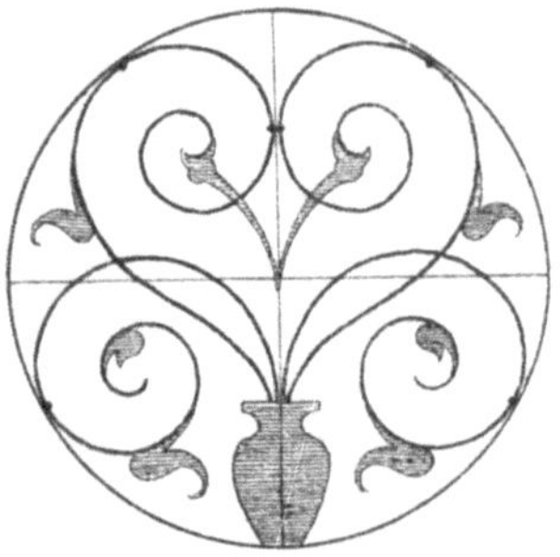

Fig. 429.

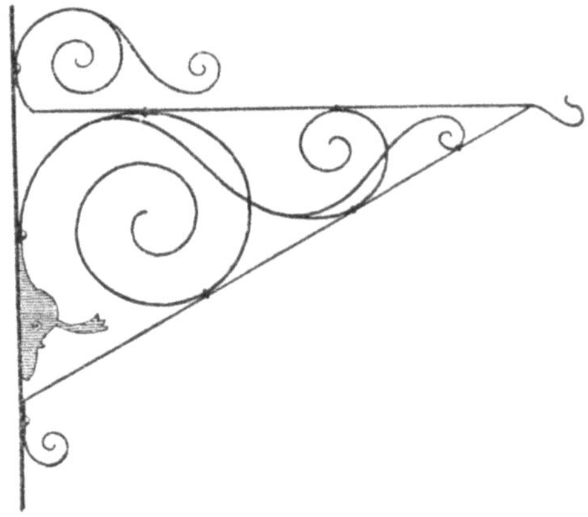

Fig. 430.

berücksichtigt werden. Zuerst wird die größte Spirale in das Dreieck eingepaßt. Die Spiralen müssen sich den Stämmen allmählich entwinden. — Weihwasserkesselträger an einem Grabkreuze in Brixen (Tirol).

Fig. 431. **Ausführung und Erläuterung.** Die geometrische Einteilung geht in der hier ersichtlichen Weise vor sich. Sollen gefördertere

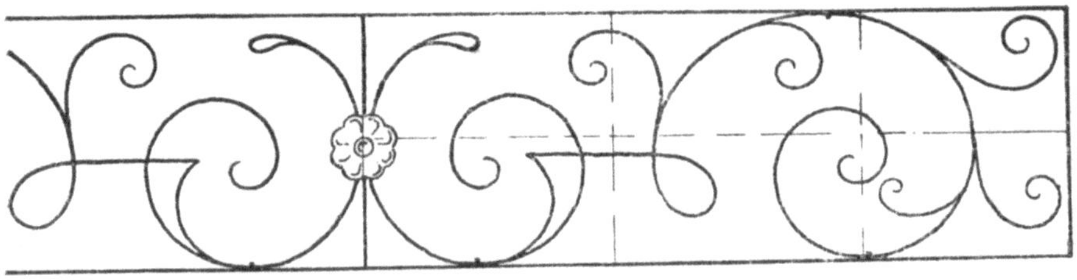

Fig. 431.

Schüler beide Hälften darstellen, so muß schon bei der Einteilung darauf Rücksicht genommen werden. Zuerst werden die zwei großen Spiralen gezeichnet, dann in der bekannten Weise miteinander verbunden; zum Schluß setzt man die kleinen Spiralen an, wobei eine zweckmäßige Verteilung der Massen im Raum anzustreben ist. — Dieses Muster ist von einem Spätrenaissance-Gitter in Salzburg.

Fig. 432. **Ausführung und Erläuterung.** In das auf der Spitze stehende Quadrat werden die Kreuzbalken und die Schrifttafel genau eingezeichnet, sodann die zwei großen C-förmigen Kurven entworfen; durch Anfügen der kleinen Spiralen wird die Arbeit vollendet. Ein Viertel dieser Zeichnung wird aus freier Hand gefertigt, die übrigen drei Viertel gepaust. — Grabkreuz aus dem Friedhof in Brixen (Tirol).

Fig. 433. **Ausführung und Erläuterung.** Mit Hilfe von Mittellinien, welche durch das ganze Zeichenblatt gezogen werden, zeichnet man in entsprechender Größe ein Quadrat; hierauf bezeichnet man die Dicke der Kreuzbalken; nunmehr werden die große C-förmige Spirale und die mit ihr verschlungene kleinere Kurve in der aus der Nebenfigur ersichtlichen Art in das Quadrat sorgfältig und genau eingezeichnet. Nach Vollendung derselben werden zuerst die größeren, dann auch die kleineren Spiralen gezogen; diese Kurven müssen an den richtigen Punkten entspringen und sich allmählich den verschiedenen Stämmen und Zweigen entwinden; mit dem Zeichnen der Astknoten und der wenigen Blätter wird die Arbeit vollendet. Nur ein Viertel des Kreuzes wird gezeichnet, das übrige gepaust.

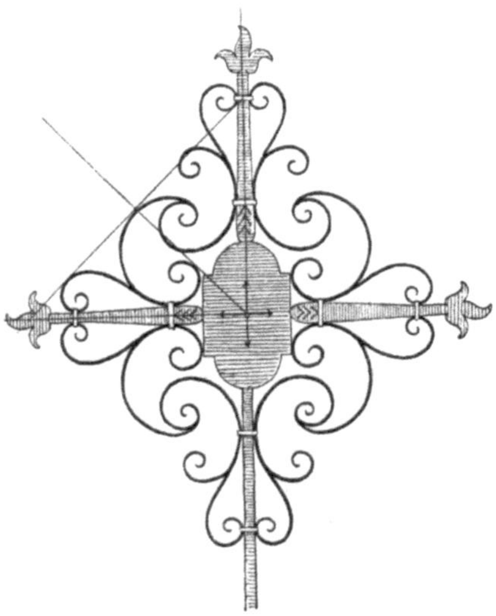

Fig. 432.

Falls man die letztere Übung etwas mehr ausführen lassen will, kann man die Stämme, welche in Wirklichkeit von 1 cm dicken Rundeisenstäben gebildet werden, mit Doppellinien zeichnen lassen, wie das an den Nebenfiguren zum Teil gezeigt ist. Die genaue Form der Knorren und Blätter ist auch diesen Nebenfiguren zu entnehmen.

Diese Kreuze waren seinerzeit bemalt. Die verschiedenen Farbenzusammenstellungen waren gewöhnlich: Blau, Gold und Weiß — Rot, Gold und Weiß — Grün, Gold und Weiß — Rot, Gold und Schwarz. An einem Ende der Hauptspirale begann die Bemalung mit Blau; beim nächsten Knorren oder bei der nächsten Stengelkreuzung wurde die Farbe gewechselt, also der folgende Teil z. B. mit Weiß bemalt; in dieser Weise fand die Bemalung des ganzen Stengelwerks statt; sämtliche Knorren,

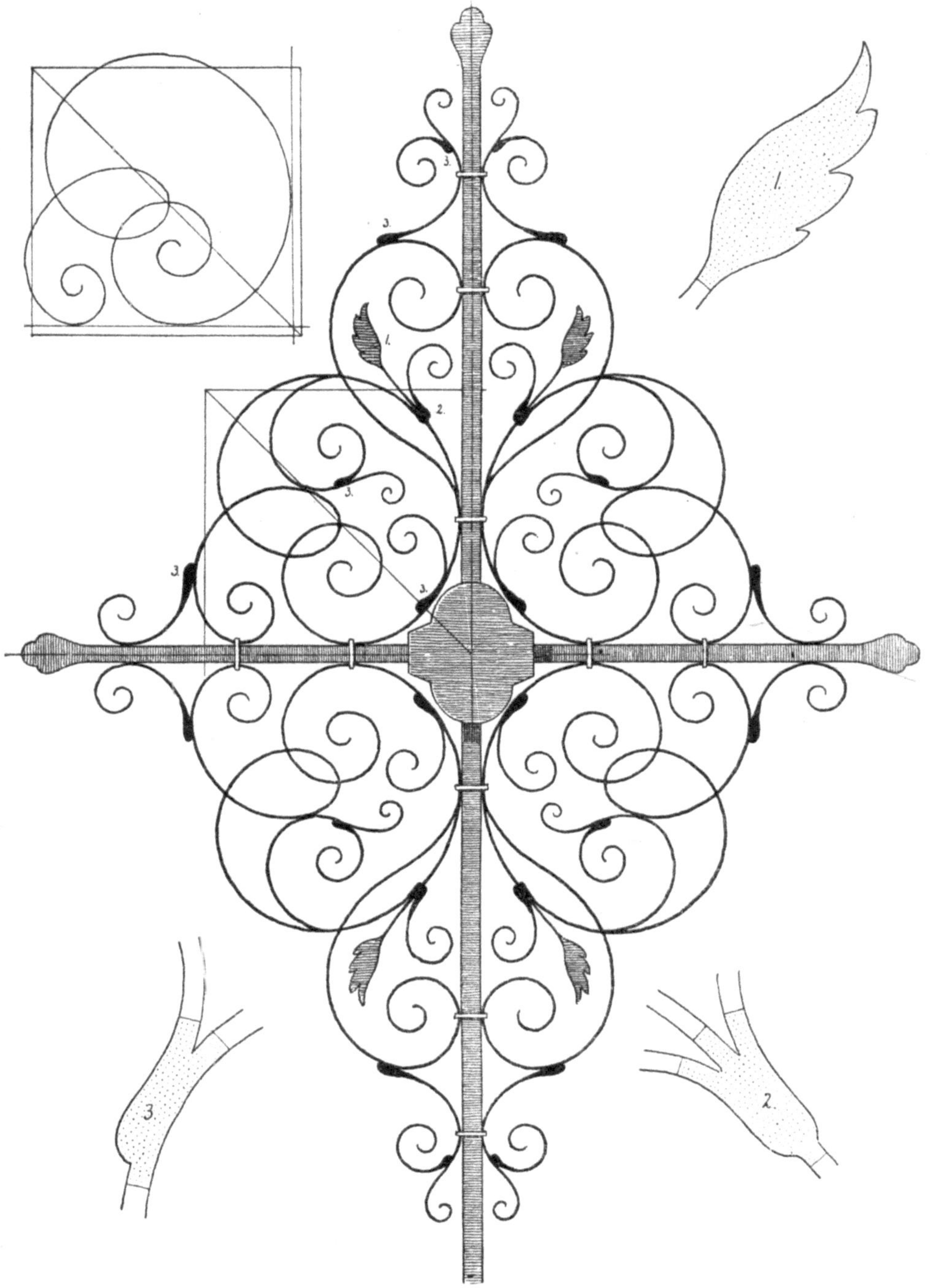

Fig. 433.

dann die Kreuzungsstellen der Stengel, die Blätter, Blüten und auch die Bunde wurden in der an der Nebenzeichnung ersichtlichen Art vergoldet, der Stamm, die Arme des Kreuzes und der Schriftkasten mit der dunkleren Farbe bemalt. Das Ganze macht einen feinen, dekorativen Eindruck. — Das abgebildete schöne Kreuz befindet sich im Friedhof zu Lienz im Pustertal (Tirol).

Damit werden die Schüler so weit gefördert sein, daß man ihnen schwierigere polychrome Flachornamente zur Nachbildung vorlegen kann. Haben sie neben dem elementaren Unterrichte nach Flachornamenten auch einen perspektivischen Modellzeichenunterricht genossen, so werden sie imstande sein, plastische Ornamente mit derselben Leichtigkeit auszuführen wie Flachornamente.

IV

Das Linearzeichnen

Von

Karl Kimmich

FSC
www.fsc.org
MIX
Papier | Fördert
gute Waldnutzung
FSC® C083411

Kolibri 360 GmbH
Ferdinand-Jühlke-Straße 7
99095 Erfurt, Deutschland
produktsicherheit@kolibri360.de